国家自然科学基金青年科学基金项目(51804099)
河南省重点研发与推广专项(技术攻关)项目(202102310542)
河南省高等学校重点科研项目(19A440011)
中国矿业大学煤炭资源与安全开采国家重点实验室开放研究基金资助项目(SKLCRSM19KF011)
河南省矿产资源绿色高效开采与综合利用重点实验室开放基金资助项目(KCF201806)
河南理工大学青年基金项目(B2018-4)

动载的波扰致灾机理与地下工程防控

神文龙　　王襄禹　　柏建彪　　著

U0337652

中国矿业大学出版社

·徐州·

内 容 简 介

本书阐述了采动坚硬岩体结构力学失稳的动载形成机理、动载波扰机理、动载致灾机理及动载防控技术,主要内容包括:采动侧向硬顶活化型动载形成机理,侧向硬顶活化型动载时空演化机理,活化型动载扰动邻空巷道大变形机理以及采动邻空巷道弱化动静载控制技术。

本书可供从事采矿工程、土木工程以及岩土工程专业的科研、工程技术人员参考。

图书在版编目(C I P)数据

动载的波扰致灾机理与地下工程防控/神文龙,王襄禹,柏建彪著. —徐州:中国矿业大学出版社,2020.4
ISBN 978 - 7 - 5646 - 4562 - 5

Ⅰ.①动… Ⅱ.①神… ②王… ③柏… Ⅲ.①动载荷—采动—地质灾害—防治②地下工程—沿空巷道—地质灾害—防治 Ⅳ.①TD7

中国版本图书馆 CIP 数据核字(2019)第 292939 号

书　　名	动载的波扰致灾机理与地下工程防控
著　　者	神文龙　王襄禹　柏建彪
责任编辑	陈　慧
出版发行	中国矿业大学出版社有限责任公司
	(江苏省徐州市解放南路　邮编221008)
营销热线	(0516)83884103　83885105
出版服务	(0516)83995789　83884920
网　　址	http://www.cumtp.com　**E-mail**:cumtpvip@cumtp.com
印　　刷	江苏凤凰数码印务有限公司
开　　本	787 mm×1092 mm　1/16　**印张** 10　**字数** 180 千字
版次印次	2020 年 4 月第 1 版　2020 年 4 月第 1 次印刷
定　　价	36.00 元

(图书出现印装质量问题,本社负责调换)

前　言

作为能源和工业原料,煤炭正由粗放、污染、低效利用向精细、清洁、高效利用转变,清洁消费理念和技术的发展给煤炭资源的应用带来了新的潜力。随着开采强度(深度)的增加以及开采技术(方法)的进步,决定地下空间围岩稳定性的应力场、位移场及裂隙场发生了显著变化,已有的矿压理论很难直接用于指导现代化矿井的安全、高效、绿色、智能生产,尤其对于受动力载荷扰动的巷道围岩。

国内外回采巷道布置涉及单巷、双巷、多巷布置回采系统,普遍承受覆岩运动带来的动力载荷。这使原有的应力平衡受到动载扰动,围岩从静力加载产生的累积应变状态过渡到瞬时高应变率状态,随着静载应力的增加,巷道围岩受同样动载影响产生的动力灾害逐渐凸显,处于弹性状态的围岩可能进入塑性破坏状态,承载能力显著减小,支护体破坏失效,围岩瞬时大变形,冒顶甚至冲击矿压等灾害发生的概率被大大提高。

本书结合阳泉煤业(集团)一矿和大同煤矿集团浙能麻家梁煤矿的生产地质条件,以动载的"波扰致灾及工程防控"为中心,采用理论分析、力学解析、物理模拟、数值计算、原位监测和现场试验等研究方法,按照动载形成→动载传播→动载扰动→动载防控的研究思路,取得如下成果:① 提出了"冲击型动载"和"断裂型动载"的基本概念;

② 建立了采动动荷系数层析成像预警技术;③ 开发了巷道围岩动载响应阈值求解算法;④ 提出了"消波减载、减载承波和减波承载"的控制原理。

本书共 6 章,第 1 章介绍了本书的研究背景、意义和国内外研究现状;第 2 章介绍了采动侧向硬顶活化型动载形成机理;第 3 章介绍了侧向硬顶活化型动载时空演化机理;第 4 章介绍了活化型动载扰动邻空巷道大变形机理;第 5 章介绍了采动邻空巷道弱化动静载控制技术及工程应用;第 6 章对本书所做的工作进行了总结。

在本书的编写过程中,参考了许多国内外文献资料,工程应用得到了阳泉煤业(集团)和大同煤矿集团工程技术人员的大力支持;本书的出版得到了国家自然科学基金青年科学基金项目(51804099)、河南省重点研发与推广专项(技术攻关)项目(202102310542)、河南省高等学校重点科研项目(19A440011)、中国矿业大学煤炭资源与安全开采国家重点实验室开放研究基金资助项目(SKLCRSM19KF011)、河南省矿产资源绿色高效开采与综合利用重点实验室开放基金资助项目(KCF201806)以及河南理工大学青年基金项目(B2018-4)资助;此外,在本书编写过程中,陈淼在文字录入和图表绘制方面做了大量工作,在此一并表示感谢。

由于作者水平有限,书中难免存在错误和不妥之处,恳请读者批评指正。

著 者
2019 年 12 月

目　　录

1 绪 论

1.1 研究背景及意义

国家"十三五"规划明确提出煤炭清洁高效利用的战略目标,在未来几十年内,煤炭仍将作为"五基两带"(包括东北、山西、鄂尔多斯、西南及新疆五大能源基地,核电及海上两个能源开发带)建设的主要能源[1-6]。安全高效开采煤炭资源仍是一项艰巨的任务。

我国煤炭开采基地逐渐从东南部向西北部转移,主要集中在山西、内蒙古、陕西、新疆等地,以井工开采为主,决定回采巷道围岩稳定性的应力场、位移场及裂隙场与原来都不相同[7-10],传统的开拓开采技术很难保障回采巷道服务期内的稳定性。尤其西北矿区存在典型的煤炭开采条件——坚硬顶板靠近开采的厚煤层、承载上部软弱岩层。这种情况下,超前采动应力极易引起邻近采空区侧向坚硬顶板结构的失稳及二次破断,产生强烈的动力载荷,动力载荷以波的形式传播到下位开采煤层工作空间,极易引起工作空间的大变形破坏甚至煤岩动力灾害,严重影响煤炭资源安全高效开采。

阳泉煤业(集团)下属煤矿主要分布在山西省阳泉市,主采15#煤层,该煤层平均厚度为 6.5 m,平均埋深 650 m,平均倾角 5°;矿井设计生产能力在 2~6 Mt/a,属典型的安全高效生产矿井。其地层中存在较多厚层砂岩及灰岩坚硬顶板。采煤方法多采用综采放顶煤或一次采全高开采方法。一般留设 20~30 m 区段煤柱进行掘巷。掘进期间巷道矿压显现不明显。工作面回采期间,在工作面前方,上区段采空区侧向坚硬顶板发生失稳及二次破断,形成较大的动力载荷,经常出现端头压架、超前邻空侧巷道剧烈变形以及单体液压支柱压弯崩倒的现象,严重制约矿井安全高效生产。采用全锚索强力支护也很难控制其大变形破坏,只有通过多次返修或者重新掘巷,才能满足正常生产要求,这极大地增加了生产劳动成本及工程量,严重制约煤炭资源安全高效开采。

大同煤矿集团浙能麻家梁煤业有限责任公司位于山西省朔州市,主采 4# 煤层,该煤层平均厚度 9.78 m,平均埋深 600 m,平均倾角 4°;矿井设计生产能力 12 Mt/a,属典型的西部安全高效生产矿井。开采煤层覆岩地层存在多组厚层砂岩坚硬顶板。矿井采用双巷布置综采放顶煤开采,区段煤柱留设 19.5 m,掘进期间巷道成型规整,无明显变形;邻近采煤工作面回采后,巷道经过强力锚杆(索)补强支护后,仍然无法避免产生大变形破坏现象,通过卧底刷帮多次返修后,勉强可以满足生产需求。

中国华能集团公司西川煤矿位于陕西省铜川市耀县,主采 4# 煤层,该煤层平均厚度 10.7 m,平均埋深 400 m,平均倾角 4°;矿井设计生产能力 1.2 Mt/a。矿井靠近开采煤层上方存在多组厚层砂岩坚硬顶板,采用对采对掘的方式布置回采巷道,区段煤柱宽度为 20~30 m。掘进期间,回采巷道矿压显现不明显,受邻近采动工作面影响,高强锚杆(索)严重失效,回采巷道出现非对称大变形破坏、局部地区出现冒顶事故,严重制约矿井安全高效生产,亟待解决该类开采条件下的动力灾害难题,为后续矿井及类似条件矿区安全生产提供技术保障。

该类巷道强矿压显现特点可概述如下:① 强动静载叠加作用:区段煤柱宽度决定了特定生产地质条件下围岩受邻近采煤工作面采动应力作用大小,即静载应力水平可划分为应力降低区、应力升高区及原岩应力区[11-15]。超前采动应力极易引起邻近采空区侧向坚硬顶板结构的失稳及二次破断,产生强烈的动力载荷,围岩处于强动静叠加应力场。② 瞬时剧烈变形:强动静载叠加作用下,顶板产生非对称台阶下沉、两帮强烈位移、底板剧烈鼓起,如图 1-1 所示。围岩受

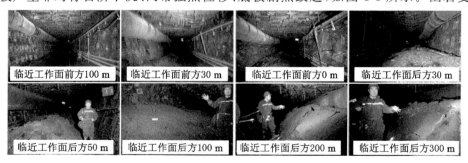

图 1-1　麻家梁煤矿回采巷道动载扰动变形破坏特征

采动后累计断面收缩率高达66％,如图1-2所示。③高强支护体严重失效:煤系地层以沉积岩为主,层间含有软弱结构面,强动静载叠加作用下,极易引起层间错动,导致支护体失效,如图1-3所示,进而引起巷道大变形甚至冒顶事故。

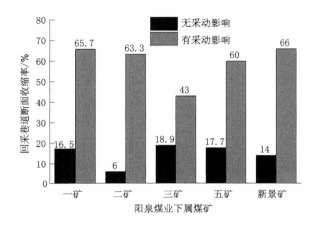

图 1-2　阳泉煤业下属煤矿回采巷道动载扰动累计断面收缩率

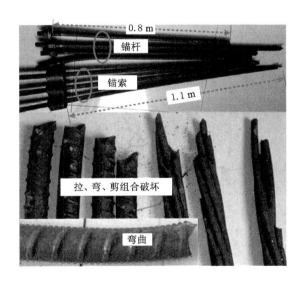

图 1-3　西川煤矿锚杆(索)抗动载扰动破断特征

巷道安全维护是保障大型现代化矿井安全高效生产的关键。煤炭生产结构逐渐向大基地、大集团、大型现代化煤矿转型。大型煤炭生产基地可有效解决煤炭粗放开采利用的处境,为"五大能源基地"提供可靠的能源保障,实现"十三五"规划的煤炭高效清洁开采与利用。巷道是矿井实现通风、行人、运输、排水等生产系统的关键组成部分,其安全维护是保障大型现代化矿井安全高效生产的关键。国内外回采巷道布置涉及单巷、双巷、多巷布置回采系统,时间上又可分为双巷同时掘进及迎采掘进[16-18]。其矿山动力灾害均源于工作面采动覆岩运动、断裂垮冒带来的动力载荷。开展"硬顶活化型动载的波扰机理与邻空巷道控制研究"具有较强的理论指导意义,可以有效预控采动覆岩破断带来的矿山动力灾害[19-24],为类似条件下工程问题提供设计研究方法。

急需解决坚硬顶板下开采邻空巷道强矿压动力灾害难题[25-31]。坚硬顶板条件下厚煤层开采工程中,随着工作面的推进,采空区范围逐渐增大,覆岩顶板悬而不垮。当悬臂距离较大,顶板不足以承载上部软弱岩层重量时,将产生突然断裂甚至垮冒,未垮冒的坚硬顶板沿工作面走向及侧向形成砌体梁结构。煤系地层以沉积岩为主,开采煤层覆岩普遍存在多组厚层坚硬顶板,厚煤层开采产生较大的垂向开挖空间,为更上层坚硬顶板提供了破断及垮冒空间,空间上形成多层坚硬顶板砌体梁结构。下位工作面开采超前支承应力作用极易引起邻近采空区侧向顶板砌体梁结构二次失稳及破断,产生强烈动载,剧烈的瞬时动载将以应力波的形式传播作用到下位开采煤层工作空间,引起邻空煤巷周期性瞬时剧烈变形,严重危害井下人员生命安全,阻碍矿井安全高效生产。对这个问题至今没有形成成熟的技术体系。

深井开采煤炭资源储量巨大,需要科学技术储备[32-41]。100年来,经历过石油革命[42-44]、核能革命[45-47]和新能源革命[48-50]的煤炭资源依然是全球最重要的基础能源之一,在能源结构中的占比仍达到30%。中国煤田地质总局组织完成的对埋深为0~2 000 m范围的第三次全国煤田预测资料表明:我国煤炭资源埋深大于1 000 m的储量占预测总储量的59.5%[51]。随着采深的逐年增加,高地应力静载巷道围岩受同样的动载影响后产生的动力灾害逐渐凸显,坚硬顶板运动及破断产生的动载将成为制约深井巷道安全维护的屏障,所以开展"硬顶活化型动载的波扰机理与邻空巷道控制研究",揭示坚硬顶板破断动载形成、传播及衰减规律,明确巷道在动静载荷叠加作用下的变形破坏机理,开发坚硬顶板破断动载弱化控制技术,可为深井巷道安全维护提供可靠的理论依据与技术保障,具有深远的战略意义。

1.2　国内外研究现状

采场中一切矿压显现的根源是采动引起的上覆岩层的破断、失稳[52-58]。由于上覆岩层的岩性、厚度、层位关系及构造情况不同,存在多种多样的运动规律,而覆岩的结构形式决定了覆岩破断失稳特征。覆岩运动带来的矿山压力不仅体现在局部静载应力的增加(超前支承应力、侧向支承应力)[59-66],更重要的是动载应力(振动载荷)的波动与传播[67-69],动载特征参数与覆岩破断特征有显著关系。当开采煤层工作空间受动载扰动时,围岩的力学行为显著异于纯静载作用下的力学响应[70-73],严重时,会引起支护体破断失效、顶板冒落、煤与瓦斯突出及冲击矿压等动力灾害。基于此,就"覆岩关键层赋存运移规律及破断动载形成机理""动载应力波在煤系地层中的传播衰减规律""邻空巷道受动载应力波扰动大变形机理""动载应力波扰动邻空巷道控制机理及控制技术"四个方面做文献综述,具体内容如下。

1.2.1　覆岩关键层赋存运移规律及破断动载形成机理

长期以来,采矿研究工作者大都以传统的覆岩空间结构为研究对象,特点是一般为长壁工作面,工作面呈矩形布置,且倾斜长度为基本顶岩层初次断裂步距的2～5倍,而走向长度则远大于基本顶初次断裂步距。针对该类条件,国内外尤其国内的专家学者对采场上覆岩层破断失稳规律的研究作出了重要贡献,提出了"横三区""竖三带"的总体认识[74],成熟理论的代表主要有"砌体梁结构"理论、"关键层"理论、"传递岩梁"理论、"自然平衡拱"假说、"压力拱"假说、"悬臂梁"假说、"预成裂隙"假说、"铰接岩块"假说和"板岩"理论[75]。按照一面采空、两面采空、三面采空和四面采空的条件,可将上覆岩层空间结构划分为O型、S型、C型、θ型[76]。

（1）走向方向覆岩关键层结构破断特征

"砌体梁结构"理论给出了采场上覆坚硬岩层周期断裂后形成平衡结构的条件,并阐述了开采后覆岩基本顶的稳定性、破断时引起的力学扰动及破断后形成的结构形态。经过不断发展,在"砌体梁结构"理论的基础上钱鸣高院士又提出了"关键层"理论,该理论将关键层在破断前处理为弹性地基梁(板),破断后处理为砌体梁结构,对关键层的破断规律进行了研究并给出了关键层判据,该理论把采场矿压、岩层移动、地表沉陷等方面的研究在力学机理上有机地统一为一个整体,为岩层控制理论的进一步研究奠定了基础[77-79]。"传递岩梁"理论认为影响采煤工作面矿山压力显现的岩层主要包括"直接顶"和"基本顶"两部分,其中直接顶重量由支架全部承担,基本顶由传递岩梁组成,向煤壁前方及采空区矸石上传递力的联系,覆岩基本顶破断后,以断裂线为界分为内、外两个应力场,该观点对确定合理巷道的位置及采场顶板控制设计起到了积极的作用[80-82]。"板岩"理论认为基本顶岩层应视为四周支撑的薄板结构,揭示了薄板的破断规律、直接顶的极限跨距、基本顶在煤体上方的断裂形式和位置、基本顶断裂前后在煤岩体内所引起的力学变化[83-85]。

"自然平衡拱"假说认为巷道开挖后覆岩逐渐冒落呈拱形形状,顶板压力通过圆拱传播到巷道两帮,形成自然平衡拱。平衡拱内破碎松散岩石由巷内支架支护[86]。"压力拱"假说认为采场位于拱形结构保护下,前拱脚位于煤壁,后拱脚位于采空区,两拱脚处形成应力增高区,拱脚之间为应力降低区,前后拱脚将跟随工作面移动[87-89]。"悬臂梁"假说认为顶板岩层是连续介质的梁,初次垮落后形成一端固定于岩体内的悬臂梁,随着工作面的推进,悬臂梁发生有规律的周期性破断,引起采场周期来压[90]。"预成裂隙"假说认为工作面前方支承应力作用使上覆岩层成为非连续的"假塑性体",假塑性体处于彼此挤紧时形成力学平衡的假塑性梁结构,并跟随工作面移动,该假说可有效解释采场超前岩层破坏[91]。"铰接岩块"假说认为采场覆岩形成无规则垮落带、有规则垮落带、铰接岩梁带,在铰接岩梁形成之前支架承受垮落带岩层的全部重量,称为"给定载荷状态";当垮落带上部岩层破断形成铰接岩梁后,支架将要承载部分铰接岩梁的回转下沉载荷,称为"给定变形状态"[92-93]。

史红博士[94]将覆岩简化为两端嵌固梁模型,基于弹性理论的半逆解法,推导了嵌固梁内任意一点的应力解析解,结合强度准则(抗剪强度、抗拉强度、莫尔-库仑准则)建立了厚层坚硬顶板分层运动的判据,及断裂步距,并与传统材料力学结果进行了比较。此外,结合最小势能驻值定理及最小势能定理,分析了基本顶结构在初次来压和周期来压阶段保持整体变形稳定的条件,得到了基本顶结构保持整体变形稳定的容许下沉量的表达式;利用强度理论分析了基本顶结构在初次来压和周期来压阶段保持局部铰接稳定的条件,得到了顶板结构保持局部铰接稳定的容许下沉量的表达式;得到了顶板结构保持整体变形稳定和局部铰接稳定相统一的力学判断准则,并且得到了当保持顶板运动稳定时的顶煤放出率的表达式。

张磊硕士[95]采用理论分析,将硬岩层状顶板简化成平面应变板,应用弹性力学中的薄板理论,分析单层岩板在两端固支和两端简支的边界条件下岩层失稳破坏的临界应力、临界荷载和顶板挠度的计算式,分析岩层破坏与各影响因素的关联,得到了一些有意义的结论。

姚顺利博士[96],基于欧拉小挠度理论,获得了巨厚岩梁在水平力作用下的受压失稳判据。

庞绪峰博士[97]建立了孤岛工作面坚硬顶板薄板力学模型并进行力学和能量分析,对垮落前后的顶板状态进行公式推导,求得顶板弯曲应变能的简化公式;结合前人理论,从能量角度对坚硬顶板破断前后的工作面煤岩状态进行分析,研究不同情况下的坚硬顶板孤岛工作面冲击地压机理,并提出相应的判别准则,为坚硬顶板孤岛工作面冲击地压研究提供理论依据。

吴锋锋博士[98]考虑采空区冒落矸石支撑作用,将覆岩简化为梁结构,对覆岩顶板的破断特征与极限破断点位置进行理论探讨,给出采空区冒落矸石支撑作用下的顶板初次与周期破断步距计算方法。同时考虑采空区顶板允许挠曲下沉空间及采空区矸石充填的影响,对采空区顶板垮落高度进行分析,从理论分析的角度给出各级覆岩顶板结构的长度与高度确定方法,分析煤层开采高度对覆岩结构大小的影响。

黄汉富博士[99]认为关键层破断后承载自然平衡拱内土体重量与基岩重量,而非简化为均布载荷,并推导了结构滑落失稳和回转失稳的判定方法。

潘岳等[100-104]认为将坚硬顶板两端支撑煤体及直接顶板简化为弹塑性地基显著优于刚性地基,将覆岩载荷简化为超前隆起荷载与均布载荷的叠加更接近实际,后续又考虑了裂纹扩展对梁弯矩、剪力、应变能的影响。其研究取得了显著成果。

(2)侧向方向覆岩关键层结构破断特征

弧形三角块理论[105]能较好地揭示采场覆岩侧向破断后的结构特征,该理论认为关键层破断后沿侧向形成弧形三角块形式的砌体梁结构,详细地讨论了结构的平衡失稳条件,分析了掘巷前、掘巷后、本工作面回采期间结构的力学机理,为窄煤柱沿空掘巷提供了理论依据。同时,陈勇博士[106]在此基础上建立了沿空留巷不同阶段充填体对弧形三角块的作用力学模型,推导了不同阶段充填体的切顶支护阻力。

冯飞胜硕士[76],基于Berry(贝里)和Wales(威尔士)1962年建立的横向各向同性岩体的三维位移状态解,求解了覆岩O型结构采场来压强度大小与工作面推进距离的关系;其次基于Marcus(马库斯)板的简化计算结果,获得了O-S

型顶板端头三角块结构最大下沉量;最后结合岩层质量三因子理论,建立了 S 型覆岩空间结构模型,获得了侧向支承压力计算解析式。这些研究定性分析了采场结构由 O 型过渡到 S 型的矿压规律。

武占星硕士[107],基于关键层理论,建立了采空区侧向顶板逐层破断的力学解析模型,并推导了沿空留巷巷旁充填体支护阻力解析解;同时依据位移变分法推导了顶板下沉计算方程组(存在待定系数)。

许兴亮等[108]认为上工作面顶板侧向破断"三铰拱"结构使下工作面基本顶破断由固支悬臂梁结构变为铰支结构,煤柱两侧形成不对称裂隙发育区。中小煤柱时,岩块铰接回转,岩块长度大于基本顶悬臂极限断裂长度且随煤柱尺寸增加逐渐增加,裂隙发育区范围随之增加;大煤柱时,下工作面基本顶破断超出上工作面侧向结构影响范围外,岩块长度不变,回转角度由岩块长度和下沉量共同决定,并通过理论分析得到了相应的计算公式。

(3)覆岩关键层结构破断失稳动载特征

总结发现,已有的研究成果多将覆岩关键层简化为梁模型或者板模型,进行力学解析,获得挠度、弯矩和应力,根据强度准则(抗压、抗拉、抗剪和莫尔-库仑准则等)来判定结构的断裂位置,获得了比较经典的覆岩运移规律及矿压理论。研究成果均基于静力学研究覆岩破断后结构的平衡与失稳问题,能够解释工作面采动覆岩运动带来的局部静载应力变化,揭示采场矿山压力显现的本质,指导采场支架等设备的选型设计,具有一定的合理性与实用价值。然而不同覆岩结构失稳不仅带来局部静载应力的变化,还会引起破断瞬间强烈动载的形成,动载以应力波的形式向远处传播,对于这方面的研究较少。

于洋博士[75]将材料力学中物体受冲击时的动载荷作为覆岩垮落失稳产生的动载源动载荷,见式(1-1)。这具有一定的可行性,但他没有讨论该模型的适用条件,缺少模型参数的选择及依据,计算结果没有验证,最终导致计算出的最大动载源动载强度仅为 1.127 MPa。显然,该模型不适宜计算覆岩坚硬顶板断裂瞬间产生的动载荷,仅适用于破断后发生垮落失稳产生的冲击载荷。

$$F_i = K_d P_i = \left(1 + \sqrt{1 + \frac{2h_i}{\Delta_i}}\right) P_i \qquad (1\text{-}1)$$

式中,F_i 为动载源动载荷;K_d 为动载因数;h_i 为第 i 层坚硬顶板垮落失稳的动载作用距离;Δ_i 为第 i 层坚硬顶板的最大允许下沉量;P_i 为第 i 层坚硬顶板控制上覆岩层的体积力。

杨敬轩等[109]将式(1-1)进行简单的变形,变形为式(1-2),用顶板垮断失稳的瞬时冲击动能代替冲击势能,这能够提升模型的适用性,即该模型不仅可以计算覆岩破断后垮落失稳产生的冲击载荷,还可以计算破断瞬间动能引起的动力载荷。

$$F_i = K_d P_i = \left(1 + \sqrt{1 + \frac{v_i{}^2}{g\Delta_i}}\right) P_i \tag{1-2}$$

式中,v_i 为覆岩破断产生的最大瞬时速度;g 为重力加速度。

窦林名等[110]认为覆岩运动过程会引起局部覆岩结构产生弹性变形储存能量并产生应力集中,当覆岩破断时,弹性变形能以脉冲的形式向围岩空间传播应力波,应力波将对传播介质产生应力扰动而形成动载。他们结合弹性应力波理论推导了三维应力状态下弹性应力波在煤岩介质中产生的动载表达式,见式(1-3)。该模型的应用完全依赖于微震监测,无须知道覆岩破断瞬间引起的动载强度。

$$\begin{cases} \sigma_{dP} = (1 + \mu)(1 - 2\mu)\rho c_P v_{pP}/(1 - \mu) \\ \sigma_{dS} = \rho c_S v_{pS} \end{cases} \tag{1-3}$$

式中,σ_{dP} 为纵波引起的动载强度;σ_{dS} 为横波引起的动载强度;μ 为介质体的泊松比;ρ 为介质体密度;c_P 为纵波传播速度;c_S 为横波传播速度;v_{pP} 为纵波引起质点的峰值振动速度;v_{pS} 为横波引起质点的峰值振动速度。

李振雷[111]将覆岩破断前状态简化为两端固支梁,破断后状态简化为两端简支梁,周期破断将基本顶简化为砌体梁或者悬臂梁,考虑覆岩破断结构的触矸特点,借助梁模型的挠度解析公式,推导了梁破断前储存的弹性变形能,并基于式(1-3),讨论了不同能量等级所产生的动载应力强度,提供了一种获得覆岩破断动载强度的方法。但这种方法仅考虑了走向方向覆岩结构破断,未考虑侧向顶板断裂特征。

曹安业等[112]将覆岩顶板简化为两端固支梁,认为动载来源于覆岩破断瞬间,将顶板开裂瞬间释放变形能的过程等效为一对水平方向的对称张力,将该问题转化为一对集中力激发的介质的弹性波动方程求解问题,并给出了采动顶板破断的震动位移方程。

李新元等[113]建立了弹性基础梁结构力学模型,结合弹性梁单元的能量公式,推导了弹性基础梁破断前储存的能量分布解析解,分析了能量分布与工作面位置的关系,探讨了顶板断裂前后的能量变化规律。

1.2.2　动载应力波在煤系地层中的传播衰减规律

采动覆岩运移、破断、失稳过程将产生瞬时动力载荷,动力载荷以应力波

（震动波）的形式向周围扩散。所谓应力波是应力和应变扰动的传播，在可变形固体介质中机械扰动表现为质点速度的变化和应力、应变状态的变化。探究并掌握动载应力波在层状岩层中的传播衰减规律，对指导矿井安全生产具有重要的现实意义。国内外学者，尤其是国内学者在该领域作出了巨大的贡献。

李夕兵等[114]最早提出用等效波阻法求解应力波在层状岩层中的传播规律。杨敬轩等[109]利用纵波波速及应力在层状岩层界面的连续性特征，建立了层状顶板岩层应力波传播的理论模型，揭示了纵波垂直地层传播规律，见式(1-4)；基于岩性相近的地层应力波波长相同这一特点，获得了采场冲击来压强度与覆岩顶板破断块体冲击载荷源强度间的关系式，见式(1-5)。但该模型仅考虑了岩层波阻抗、岩层厚度及应力波波长对应力波的传播影响规律，忽略了层间结构面、裂隙等产生的波阻抗以及应力波传播过程中的能流衰减及强度衰减（振幅衰减）[115]，且仅考虑了垂直传播，具有一定的局限性。

$$\begin{bmatrix} v_1 \\ \sigma_1 \end{bmatrix} = \prod_{j=1}^{n} \begin{bmatrix} \cos\theta_j & \mathrm{i}\sin\theta_j/z_j \\ \mathrm{i}z_j\sin\theta_j & \cos\theta_j \end{bmatrix} \begin{bmatrix} v_{n+1} \\ \sigma_{n+1} \end{bmatrix} \tag{1-4}$$

$$\sigma_1 = \sigma_{n+1}\cos(2\pi H_n/\lambda) \tag{1-5}$$

式中，v_1 为应力波传播到采场作用对象时的波速；σ_1 为冲击来压强度；σ_{n+1} 为覆岩顶板破断块体冲击载荷源强度；v_{n+1} 为冲击载荷源位置处的应力波波速；z_j 为第 j 层顶板的波阻抗；i 为纯虚数单位；θ_j 为第 j 层顶板块体对应的相位因子；H_n 为 n 层坚硬顶板的总厚度；λ 为应力波通过介质时的波长。

徐平等[116]根据 Snell（斯内尔）定理，推导得到了快压缩波从准饱和土体入射到弹性土层时界面上的反射和透射规律，分析讨论了反射系数、透射系数随入射角度的变化，发现饱和度可显著影响这些物理参数。

彭府华等[117]利用微分原理推导得到了平面谐波应力波振幅的衰减规律，见式(1-6)，理论上认为应力波振幅随传播距离的增加呈衰减趋势。基于"全数字型多通道微震监测系统"监测数据，拟合得到了实测应力波振幅随传播距离以乘幂规律减小，且衰减系数与应力波频率呈三次多项式增加的关系。这提供了一种研究应力波衰减规律的现场实测方法。

$$A(x) = A_0 \mathrm{e}^{-\alpha x} \tag{1-6}$$

式中，$A(x)$ 为应力波在 x 位置处的振幅；A_0 为震源振幅；x 为传播距离；α 为衰减系数。

崔新壮等[118]基于均质岩体中爆炸应力波的衰减规律[式(1-7)]，通过理论分析的方法，揭示了有限长裂纹、闭合型贯穿裂隙、张开型贯穿裂隙对应力波的衰减作用,认为应力波使裂隙附近质点发生永久位移及岩体塑性破坏的过程会吸收应力波能量。但他没有给出具体的衰减规律,仅仅进行了理论层面的分析。

$$A(x) = A_0 x_0^{[2\pm\mu/(1-\mu)]} / x^{[2\pm\mu/(1-\mu)]} \tag{1-7}$$

式中,x_0 为炸药包半径;μ 为岩石泊松比。

田振农等[119]基于实验室振动测量装置,进行一维岩体中应力波传播实验,发现结构面附近质点振动有增强的趋势,认为是由应力波反射引起,且结构面可使应力波衰减,结构面组数越多,应力波衰减越快。

卢爱红等[120]运用弹性介质应力波动理论,推导了应力波在半无限均质平面体内的传播规律,应用该模型分析得到了介质自由边界的反射波与入射波叠加规律[式(1-8)],并分析了叠加应力波幅值与位置、入射波频率、波速、介质厚度等的关系。但该模型仅能应用于弹性均匀介质中的垂向传播。

$$\sigma(x,t) = \sigma_1(x,t) + \sigma_R(x,t) = \sigma_0 \sin\left[\omega\left(t - \frac{x}{c_P}\right)\right] - V\sigma_0 \sin\left[\omega\left(t - \frac{2L-x}{c_P}\right)\right]$$
$$\tag{1-8}$$

式中,$\sigma(x,t)$ 为叠加应力波;$\sigma_1(x,t)$ 为入射应力波;$\sigma_R(x,t)$ 为边界反射应力波;σ_0 为动载应力波源振幅;x 为应力波传播距离;c_P 为应力波波速;V 为反射系数,$V = (\rho_2 c_2 - \rho_1 c_1)/(\rho_2 c_2 + \rho_1 c_1)$,其中 ρ_1 为空气介质的密度,c_1 为空气介质中的波速,ρ_2 为岩层介质的密度,c_2 为岩层介质中的波速;L 为自由边界的位置;ω 为应力波振动角频率;t 为时间变量。

卢文波[121]把岩石界面看成是具有位移间断的两弹性半空间的接触面,假定裂缝两侧岩体为同样岩体及裂缝间不存在破碎带,得出了应力波在结构面处的透射系数,见式(1-9)。

$$T_{in} = \frac{A_2}{A_1} = \frac{2K_n}{2K_n + \omega I} \tag{1-9}$$

式中,T_{in} 为结构面发生线性变形时的透射系数;A_2 为透射纵波波幅;A_1 为入射纵波波幅;K_n 为界面法向刚度;ω 为应力波振动角频率;I 为波阻抗。

王观石等[122],基于结构面非线性变形解析解[123],对式(1-9)中 K_n 进行了修正,获得了非线性变形结构面法向割线刚度和切线刚度,对影响因素结构面法向初始刚度、应力波角频率以及结构面法向闭合量与其最大允许闭合量的比值进行了讨论,发现结构面透射系数与初始刚度呈正相关关系,与角频率呈负相关关系,与结构面法向闭合量与其最大允许闭合量的比值呈正相关关系。研究得出结构面刚度越大透射系数越高的结论。

饶宇等[124]基于含节理岩体应力波传播迭代方程[125],采用位移不连续法和波前动量守恒条件,获得了应力波入射黏弹性节理的传播特性,研究发现随入射频率的增加,透射系数呈减小趋势,反射系数呈增加趋势。随入射角度的增加,转换波均先增大后减小,且转换波透射系数最小;反射同类型波先减小后增大,透射同类型波则基本没有变化,同类型波的能量显著高于转换波的能量。

周钟等[126]基于岩石弹塑性连续损伤本构模型,揭示了应力波在岩石类脆性损伤软化材料的传播过程,对岩石塑性变形引起的应力变化进行了修正。

褚怀保等[127]设计了相似物理模拟监测实验模型,分析获得了应力波衰减系数[式(1-10)],可将该衰减系数应用到已有的应力波传播模型当中。

$$\alpha = 3 - \mu(1 - \mu) \tag{1-10}$$

式中,α 为应力波衰减系数;μ 为材料的泊松比。

基于以上文献,发现应力波在层状岩层中的传播,应该考虑应力波本身的物理属性(波形种类、入射角度、振动频率和波长等)、传播介质的物理力学属性(结构面、传播距离、波阻抗和层厚等)。已有研究成果多侧重于理论推导、数值计算、实测的方法,获得应力波衰减系数、结构面透射系数的研究思路,取得了显著的理论成果,为采动覆岩破断产生动载应力波传播提供了可靠的理论基础。其他学者在该方面也作出了巨大的贡献[128-130],由于篇幅有限,没有全部列出。

1.2.3 邻空巷道受动载应力波扰动大变形机理

采动覆岩破断形成强力动载,动载以应力波的形式在层状岩层中传播,作用于下位邻空巷道,邻空巷道原有应力平衡受到动载扰动,围岩从静力加载产生的累积应变过渡到瞬时高应变率状态,原来处于弹性状态的围岩,受到短时强动载作用,会进入塑性状态,承载能力受到影响,围岩瞬时大变形、支护体破坏失效、冒顶甚至冲击矿压等灾害发生的概率大大提高。国内外学者对此方面做了大量的贡献,取得了丰富的理论成果。

多数学者采用数值计算的方法研究分析动力载荷对巷道围岩的稳定性影响规律。唐礼忠等[131]采用 ABAQUS 大型有限元软件,研究了动力扰动下含软弱夹层巷道围岩稳定性,发现软弱夹层倾角的增加可显著降低围岩动力响应强度。张晓春等[132]采用 LS-DYNA 分析软件,模拟计算了应力波强度、巷道埋深(静载水平)、煤层岩性(弹性模量)等对巷道围岩层裂结构形成过程影响规律,发现围岩层裂结构的形成存在一个极限埋深(> 500 m)和应力波强度

（5 MPa），煤层与覆岩顶板越硬或者应力波强度越大，巷道围岩层裂结构越容易形成。秦昊等[133]采用 3DEC(3 dimension element code)离散元软件，研究了巷道埋深、应力波强度对巷道围岩破坏形态的影响规律，发现应力波扰动导致巷道轮廓面附近出现裂隙延伸及贯通形成宏观裂纹是引起层状岩体破断垮落的原因。刘书贤等[134]采用 ANSYS 结合 LS-DYNA 的方法，研究了地震波在模型底板水平方向入射时，地震波对拱形巷道围岩应力及塑性应变的影响，发现拱帮和墙角出现周期性集中应力，塑性体积明显，是巷道控制的薄弱部位。左宇军等[135]采用自行开发的 RFPA2D 数值模拟软件，再现了应力波传播过程的波动现象，发现小尺寸结构面可削弱巷道壁的层裂破坏，大尺寸连续面可有效抑制巷道层裂破坏。卢爱红等[136]采用 ANSYS 结合 LS-DYNA 的方法，研究了应力波强度对巷道围岩能量积聚程度的影响，得到了一定围岩应力状态下能量积聚大小和积聚位置，发现应力波强度越大，积聚能量密度越大，位置越靠近巷帮边界。高富强等[137]采用 FLAC 数值计算软件，对动力扰动下巷道围岩力学响应进行了数值分析，发现动力扰动可显著提高顶底板水平应力大小，巷道顶板下沉量及围岩塑性破坏区范围显著增大，埋深增加可显著加大动力扰动对巷道围岩的动力响应程度。陈春春等[138]采用 ANSYS 数值分析软件，研究了动力扰动下深部巷道围岩分区破裂机制，发现在一定条件下，深部巷道受动力扰动发生破裂区与非破裂区交替出现的分区破裂化现象，分区破裂的本质是动力扰动引起围岩拉应变达到极限拉应变。胡毅夫等[139]采用 FLAC3D 数值计算软件，系统研究了原岩垂直应力、侧压力系数以及扰动峰值强度对深部巷道稳定性的影响，发现动力扰动峰值强度小于 20 MPa 时，动力扰动强度对巷道围岩位移及塑性区影响较小，当动力扰动峰值强度大于 20 MPa 时，围岩受动力扰动产生的动力响应显著提高。李夕兵等[140]认为动载应力波与静载高应力叠加达到岩石破坏极限时，岩石发生破坏是动力扰动诱发巷道失稳的根本原因，采用 PFC2D 数值计算软件，研究了动力扰动下高应力巷道围岩动态响应规律，发现动力扰动下巷道围岩应力增高、位移显著加大、破坏区明显增强。温颖远等[141]采用 FLAC 5.0 数值计算软件，研究分析了动力扰动对不同硬度煤层巷道动力响应，得出了一些有意义的结论。刘向峰等[142]采用数值计算的方法，研究了地震波频率对巷道围岩动力响应的影响，发现某一频率或某一频率范围的波动可以激发模型的最大响应，但仅限于定性分析，没有给出定量表达，同时还发现随着介质剪切波速的增加，围岩最大响应频率逐渐由低频向高频转移。

理论研究方面，姜耀东等[143]基于一维震动波引起的沿传播方向上的应力与煤岩体介质密度有关的原理,结合质量和动量守恒定律,建立了震动波诱发煤层竖直断裂理论模型,推导了震动波引起的应力时程解析式,获得了任意位置处由于时间差引起的应力差值,当该应力差值大于煤岩体抗拉强度时,岩体发生断裂破坏。震动波的波震面沿煤层水平传播,而传播方向与波穿过后煤层中介质运动方向相反,这样就会形成稀疏波。煤层中的原有损伤裂隙受稀疏波的张拉而逐渐扩展演化,煤层中出现明显的平行分层破断现象。刘冬桥等[144]推导了静载和动载共同作用条件下圆形巷道围岩应力解析解,并通过相似模拟结果验证了理论解的可靠性,可以通过此模型预测巷道围岩发生冲击地压的薄弱位置。陈国祥等[145]结合弹性力学及弹性波传播理论,建立了圆形巷道动力扰动损伤机理,认为动力扰动引起浅部围岩承载拉应力,当拉应力足够大时,浅部围岩产生层裂破坏,应力波继续向深处扰动,形成多层层裂破坏,另一方面可引起巷道围岩产生瞬时压缩应力,使围岩承载高应力,储存弹性能。

物理模拟方面,刘冬桥等[144]在实验室建立动静复合荷载物理模型,采用中国矿业大学自主研发的冲击岩爆试验系统进行加载,并给出了应力加载逐级扰动路径,研究结果表明:动载诱发巷道冲击地压经历了裂纹产生、裂纹扩展、碎屑剥落和巷道大面积破坏4个阶段。陶连金等[146]采用实验室振动台实验的方法研究了不同埋深的山岭隧道动力响应规律,发现埋深增加可加大隧道洞身段的加速度放大效应,同时显著提高了模型整体的自振频率,振动过程中,隧道断面承受循环拉压荷载作用,拱肩和拱脚位置出现较大的附加弯矩和附加位移。蔡武博士[147]基于课题组自主研发的冲击力可控式冲击矿压物理相似模拟平台,采用声发射、应力、数字照相等监测手段,研究动载应力波作用下断层活化滑移的显现、力学及声发射响应特征,试图证明动载作用下断层超低摩擦效应及其活化滑移现象的存在,并揭示动载应力波作用下断层活化滑移的力学作用机制,为动载应力波扰动下邻空巷道动力响应物理相似模拟提供了可能。

邻空巷道动力响应的本质是围岩静力平衡被打破,动载应力波传播作用过程中引起围岩局部产生拉应力及附加压应力,当应力达到围岩承载极限时,发生破坏。现有的成果普遍采用数值计算、理论分析、物理模拟的方法,研究动载应力波特征参数(动载强度、频率、作用时间等)对巷道围岩应力场、位移场及塑性区的影响规律,普遍认为巷道受动力扰动后浅部围岩发生层裂破坏,层裂破坏逐渐向深部转移。

1.2.4　动载应力波扰动邻空巷道控制机理及控制技术

邻空巷道受采动覆岩破断产生的动载扰动,传统的锚杆(索)支护很难控制巷道瞬时大变形、冒顶及冲击矿压等煤岩动力灾害,开发适宜的邻空巷道抗动载扰动控制技术体系具有深远的实用价值及推广应用前景,为解决工程问题提供了可靠的技术支撑。

理论研究方面,冯申铎[148]认为锚喷支护具有良好的抗动载作用性能,喷射混凝土可以与围岩黏结形成统一体,充填岩层表面张开裂隙,提高岩体完整性;其次,锚杆可有效加强岩体弱面摩擦力,抵抗动载引起的高拉应力。王正义等[149]建立平面 P 波与圆形锚固巷道相互作用简化理论模型,以深部围岩径向应力、巷道表面切向应力、巷道表面径向位移以及深部与巷道表面径向位移差作为分析指标,确定了围岩动载薄弱部位,推导了锚杆受力机制并提出了响应的破坏判据。其研究发现,巷道迎波侧锚杆总应力是静载轴应力、振动引起的动应力和动载围岩变形引起的附加应力的叠加,强冲击下易发生瞬间摧垮破坏,围岩受压破裂,锚固失效,循环弱冲击下,易发生循环累积损伤破坏,锚杆反复受压、受拉直至松动。侧向位置锚杆总应力是静载轴应力、动载下围岩变形引起的附加应力的叠加,锚杆始终受拉,在强冲击下可能发生拉断破坏。巷道迎波侧及侧向位置是围岩动载扰动控制的关键部位。王凯兴等[150]将巷道支护体简化为弹性体,与覆岩块体固结,覆岩块体简化为刚体,刚体间软弱夹层简化为 Kelvin-Voigt 模型,建立了块系上覆岩体与支护动力分析理论模型,推导获得了支护体的加速度动力响应表达式。其研究发现,上覆岩块间弹性下降时,支护的动态受拉和受压幅值随之下降且周期变大;上覆岩块间阻尼增大时,支护的受拉和受压周期不变,但周期内的微扰动逐渐消失且幅值略有下降;上覆岩块沿垂直冲击方向破裂成两个子块时,支护的受拉和受压次数增加。陈建功等[151-152]将锚杆假设为均质线弹性体,锚杆固结体及围岩假设为线性弹簧和线性阻尼器,锚杆底部围岩对锚杆的作用简化为线性弹簧,锚杆纵向振动时这些结构仅发生线弹性变形,在此基础上建立了完整锚杆低应变瞬态动力响应的数学力学模型,并推导了相应的半解析解,为锚杆低应变动力测试提供了理论解释。曾鼎华等[153]以锚杆的无损检测为目的,建立了锚杆体系横向动力响应的理论模型,推导了完整锚杆的理论半解析计算公式,在此基础上探讨了锚杆系统横向振动随锚杆长度、激振力作用时间等变化的一些规律。贾斌[154]将地震时岩土体对于锚杆的作用简化为线弹簧和与速度相关的阻尼器,将面板对锚杆的惯性力简化为一个线性弹簧的作用加以分析,由此建立了锚杆系统的谐振动力平衡微分方程,并求解其在简谐动力荷载作用下稳态动力响应的解析解。

数值模拟方面,王光勇等[155]采用 LS-DYNA3D 数值分析软件,研究了爆炸应力波对拱形巷道各个部位锚杆体同一位置的轴向应变影响规律,发现拱顶锚杆先受压再受拉,受压和受拉都比较大,建议拱顶锚杆与应力波传播方向成一定角度,且相邻两排锚杆交错布置或者将相邻两根锚杆用加固肋板组合在一起形成"U"形构建;拱部和边墙可能发生剪切错动,应提高该部位锚杆体的抗剪强度。李祁等[156]采用 FLAC3D 数值分析软件,探讨了顶板上方施加水平方向冲击载荷对下位巷道围岩的速度响应及应力位移演化规律,发现 U 形钢支护可提高巷道整体支护能力,限制围岩产生大变形。宋希贤等[157]采用 RFPA2D 数值分析软件,研究了动力扰动下深部巷道卸压孔与锚杆联合支护技术,发现卸压孔可以使高应力向围岩深部转移,优化围岩静载应力水平;锚杆支护可以有效抑制动力扰动下围岩的破裂,提高围岩整体承载能力,为高静载巷道围岩受动载扰动提供了有效的技术保障,但缺乏控制参数的研究。薛亚东等[158]采用 FLAC 数值分析软件,在模型底部施加水平速度,研究回采巷道锚杆动载作用时间的响应规律,发现对沿水平振动的剪切波,倾斜安装的锚杆受动载影响最大,其次为水平锚杆,垂直锚杆影响最小;从抗动载扰动的角度出发,巷道宜采用端锚或加长端锚的支护方式。陈建功等[159]基于锚杆支护系统在低应变率下满足弹性变形的特点,忽略钢筋、砂浆与围岩之间的滑动特点,将三者均假定为弹性模型进行锚杆系统低应变动力响应的 ANSYS 数值分析,发现,围岩较坚硬时,完整锚杆系统速度响应信号的衰减速度较快,反之较慢。周胜兵[160]采用 FLAC 数值分析软件,以围岩应力与变形为分析指标,确定了动力扰动下锚杆支护参数,现场应用验证了参数的合理性。黄东[161]采用 FLAC3D 数值分析软件,建立了动静耦合动力分析模型,研究分析了竖向激振、水平激振及双向激振下支护结构与围岩动力响应;以锚杆轴力、围岩塑性区及位移为分析指标,确定最佳锚杆长度为 2.2 m,喷混凝土支护厚度 100 mm 较为适宜;提供了一种爆破动载与高静载组合作用下的地下巷道喷锚支护结构优化设计方法。唐思聪[162]采用 FLAC3D 数值分析软件,以第一、三主应力为评价指标,获得了隧道围岩动力扰动区影响范围,发现锚杆长度等于动力扰动区范围时,锚杆的抗减震效果可以得到充分发挥。魏明尧等[163]基于应力波能量衰减率与波阻抗之间的理论关系,提出"加固圈"的新型支护理念,并采用 FLAC3D 数值分析软件,研究了加固圈对巷道围岩的加固以及对应力波衰减规律。

物理模拟方面,曾宪明等[164]采用理论分析结合物理模拟的方法,验证了"土钉支护+钻孔构造措施"具有最好的抗动载性能,认为构造措施的存在可有效对动载应力波进行弱化吸能。

现场实测方面,黎小毛等[165]基于支护钢拱架动态响应参数理论分析,开展了现场拱形巷道支护钢拱架动态应变和加速度参数实测研究,巷道距离爆源100 m,发现测量断面的巷道和支护结构主要受低频振动影响,其主要振动频率在20 Hz以下;测量断面巷道表面加速度在 20 m/s^2 左右;支护钢拱架动态与静态应变叠加测量值最大为 414×10^{-6},认为钢拱架在爆破冲击作用下仍在弹性变形范围内。汪北方[166]通过现场实测发现让压锚杆支护系统可优先减小动力扰动巷道围岩变形,顶板未出现明显的离层现象,也没有出现持续变形的趋势。

以上研究多基于理论分析、数值模拟、物理模拟及现场实测的方法,以动载应力波作用对象"巷道围岩"为出发点,分析动载应力波对巷道围岩及支护结构的动力响应规律,寻找动载响应的薄弱部位,一方面提高薄弱部位的支护强度,提高围岩的抗动载能力,另一方面改变支护结构(间排距、联合支护、让压支护、加固圈等)也可以有效抑制动载应力波对巷道围岩及支护体的动力响应强度。学者们对于煤矿井工开采覆岩破断动载源、动载应力波传播途径的控制研究涉及较少。

1.3　存在的科学问题

井工开采的目的是将矿产资源安全高效地从深地环境中挖掘送至地面。典型的安全高效生产系统涉及开拓巷道、准备巷道及回采巷道,巷道的安全与维护是矿井安全高效生产的关键,围岩性质、围岩应力、支护结构决定了巷道围岩稳定程度,结合选题背景可知,"动载的波扰致灾机理与地下工程防控研究"涉及以下四个方面的科学难题:

(1)采动侧向坚硬顶板结构失稳破断特征与动载形成机理。西北矿区典型开采条件可总结为:"坚硬顶板靠近开采厚煤层且承载软弱岩层,破断后侧向悬顶较大"。① 需要揭示典型条件下一次采动后侧向顶板结构特征及其力学平衡、失稳判别准则。② 需要计算典型条件下二次采动邻近采空区侧向坚硬顶板结构失稳及破断的理论判据,揭示工作面推进过程中,侧向坚硬顶板结构失稳破断后特征、组合同步及非同步二次破断规律等。③ 需要建立动载物理力学属性与采动侧向坚硬顶板失稳及破断特征之间的关系,揭示坚硬顶板破断动载的强度、频率、方向、作用时间等。

(2)动载应力波在层状岩层中的传播衰减规律。力与能量在物质系统中主要以波的形式传播振动,覆岩破断过程在附近围岩产生强烈的振动,形成动载源,以应力波的形式向远处传播。① 需要掌握动载源沿不同方向的传播规律,揭示动载源振动方向与传播方向的函数关系。② 需要掌握动载应力波传播过程中的衰减规律,研究地质属性、结构弱面等对动载应力波特征参数的衰减规律。③ 需要构建动载源特征参数沿任意方向的传播衰减规律,为获得动载源特征参数与作用对象动载特征参数提供理论依据。

（3）邻空巷道受动载扰动变形破坏机理。坚硬顶板靠近开采煤层,邻空巷道受动载扰动强烈。① 需要揭示动载特征参数与围岩稳定性评价指标之间的关系。② 需要掌握动载特征参数与支护体受力特征之间的关系。③ 需要揭示不同静载应力水平下对邻空巷道动载响应的影响规律。

（4）邻空巷道受动载扰动弱化控制技术。从动载应力源、动载应力波传播途径、动载应力波作用对象三方面考虑,寻求弱化动载特征参数的有效技术手段,开发相应的弱化控制技术。

1.4 研究内容及方法

1.4.1 研究内容

基于西北矿区典型的开采地质条件,结合已有的理论研究成果,综合采用现场监测、相似模拟、理论分析、数值计算和实验室实验的方法开展"动载的波扰致灾机理与地下工程防控研究",具体研究内容如下:

（1）侧向坚硬顶板结构的失稳破断特征与动载形成机理

① 建立典型条件下一次采动采空区侧向坚硬顶板破断后的结构力学模型。揭示一次采动后侧向顶板结构特征及其力学平衡、失稳判别准则。

② 建立二次采动侧向坚硬顶板结构失稳破断力学模型。基于一次采动几种典型的侧向顶板结构,研究超前支承应力、负载软弱岩层重量、物理力学属性等对侧向坚硬顶板结构失稳及二次断裂的影响规律,确定失稳及断裂准则,计算断裂及失稳产生的动载强度。

③ 应用相似实验模型,揭示侧向坚硬顶板结构的失稳破断特征与动载形成机理。观测相似模型的应力、位移、破坏和运动等的变化过程,揭示典型条件下坚硬顶板的运动特征、结构特征和动载特征。

（2）动载应力波在层状岩层中的传播衰减规律

① 建立动载应力波传播衰减的理论模型。分析动载应力波倾斜入射层状岩层的传播影响因素,研究入射角、层间弱面、传播距离以及分层煤岩的波阻抗、层

厚等对应力波的衰减规律,构建应力波在层状地层任意方向的传播衰减解析解。

②　构建邻空巷道动载显现强度与破断位置初始动载强度之间的函数关系。依据几种典型条件下坚硬顶板的破断失稳特征,结合应力波理论,建立对应的动载应力波传播理论模型。

③　确定典型条件下覆岩活化动载作用区域。建立动载应力波三维空间等值线曲面图,分析动载应力波在工作面前方、采空区侧向的影响范围。

（3）邻空巷道受动载扰动变形破坏机理

①　建立动静耦合数值分析模型。分析采动邻空巷道的地质特征、静载特征和动载特征,建立合理的动静耦合数值分析模型,提出可行的算法和模拟方案。

②　邻空巷道围岩的动载响应特征。基于动静耦合数值分析模型,研究动载特征参数对巷道围岩应力场、位移场及塑性破坏区的影响规律,揭示不同静力水平下邻空巷道的动载响应规律。

③　确定围岩所能承受的极限动载强度。依据邻空巷道围岩动静载耦合作用规律,提出特定静载下围岩动载响应阈值的求解算法,开发邻空巷道动载作用强度划分方法,对特定地质条件下邻空巷道的动载扰动强度进行合理划分。

（4）邻空巷道受动载扰动弱化控制技术

①　邻近采空区侧向坚硬顶板预裂技术。研究采动时期工作面前方顶板预裂切顶对侧向坚硬顶板结构的影响,控制侧向坚硬顶板结构,减小动载源强度。

②　窄煤柱控制采动侧向坚硬顶板动载强度技术。依据动静耦合作用下邻空巷道响应规律,确定合理的煤柱宽度,减小邻空巷道动载大变形。

③　巷内抗动载扰动让压支护技术。依据动载应力波对支护结构的作用机理,开发巷内抗动载扰动让压支护技术,研究抗动载让压支护机理,确定合理的让压支护参数。

（5）工业性试验检验相关理论及技术的适用性

以典型的邻空巷道为试验对象,从动载源产生、动载应力波传播、动载作用对象、动载控制为分析依据,分析抗动载扰动技术的可行性,验证理论及邻空巷道大变形控制技术。

1.4.2　研究方法

本书主要采用现场试验、物理模拟、理论分析和数值模拟的方法,研究典型条件下采动侧向坚硬顶板结构失稳破断动载响应及弱化控制。具体为:首先建立典型条件下侧向坚硬顶板空间结构力学模型,揭示失稳破断的动载强度;其次,建立典型条件下的相似试验模型,揭示侧向坚硬顶板的破断特征与动载形成机理;然后,建立动载应力波传播的理论模型,研究动载应力波的传播衰减规律,揭示巷道动载显现强度与破断位置初始动载强度之间的函数关系;最后,基于动载应力波强度及传播衰减规律,建立动静耦合数值分析模型,开发邻空巷道动载扰动的弱化控制技术体系。

(1)现场监测。利用横向课题提供的现场试验地点,采用微震监测的方法,提出合理可行的监测方案,实测拟合微震信号的传播衰减规律。

(2)物理模拟。建立典型条件下工作面开采的相似实验模型,观测相似模型的应力、位移、破坏和运动等的变化过程,揭示侧向坚硬顶板的运动特征、结构特征和动载特征。

(3)理论分析。建立典型条件下侧向坚硬顶板结构空间力学模型,研究其失稳破断的动载特征。利用应力波理论,建立侧向坚硬顶板不同破断方式下的应力波传播理论模型,揭示动载应力波的传播衰减规律。

(4)数值模拟。建立动静耦合数值分析模型,提出采动邻空巷道稳定性分析指标,确定动静载组合作用方案,开发数值算法,求解分析指标。

(5)工业性试验。结合上述研究成果和现场试验,研究开发巷道动载扰动的弱化控制技术,进行现场工业性试验,检验、完善理论研究成果。

1.4.3 技术路线

本书的研究技术路线可见图 1-4。

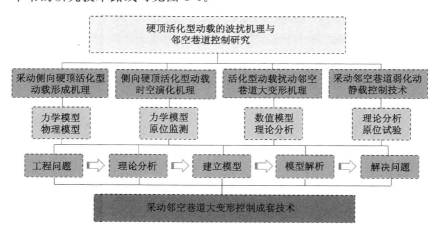

图 1-4 技术路线

2 采动侧向硬顶活化型动载形成机理

采场顶板活动是矿山压力显现的根源,当地下工程结构(巷道围岩、采煤工作面、支护体、采空区顶板等)的强度和刚度不足以承载时,结构将从一种力学平衡状态演化为另一种平衡状态,演化的本质是结构改变引起应力场、位移场和裂隙场的改变,演化的结果是不同等级、不同类别的矿山压力显现(冒顶、片帮、底鼓、沉降、瞬时大变形、冲击矿压和支护体失效等),演化的效应是危害井下工作人员的生命安全,制约矿井的安全高效生产。本章通过建立采动侧向坚硬顶板结构力学模型,分析侧向坚硬顶板结构特征,揭示侧向坚硬顶板结构失稳破断机制,解析采动引起的侧向坚硬顶板结构失稳破断动载特征。

2.1 采动侧向坚硬顶板运动结构形成机理

本节将揭示采动侧向坚硬顶板运动结构形成机理及赋存状态,涉及侧向坚硬顶板破断后的几何特征、结构特征和断裂线位置。

2.1.1 采场坚硬顶板空间结构演化特征

采动坚硬顶板破断结构演化过程如图 2-1 所示。工作面开采,软弱直接顶随采随冒,靠近开采煤层的坚硬顶板悬空距离逐渐增加,当达到极限跨距时,发生 O-X 型初次断裂,形成工作面初次来压;随着工作面继续推进,该层顶板发生周期性破断,产生工作面周期来压,沿着工作面走向形成铰接结构。坚硬顶板发生初次破断及周期破断的同时,沿着工作面侧向形成弧形板式的铰接结构,上部坚硬顶板存在类似的活动规律,断裂步距要大于等于下层坚硬顶板来压步距,且时间上同步或者滞后,直到某层坚硬顶板可以承载其上覆岩层软弱岩层重量[74]。采矿工程问题是一个极其复杂的物理、力学问题,研究某个工程问题时需要抓住主要矛盾,对次要矛盾做相应的简化是必要的。复杂的空间铰接板结构在某些情况下可以简化为梁式铰接结构,即"砌体梁结构",简化的依据是"采煤工作面沿侧向的长度远大于基本顶沿推进方向悬露的跨距",只能近似满足力学依据——"简化后的梁内任意一点的应力和应变状态和板内同一点的应力和应变状态应保持一致";但简化后的模型可以解释采动推进方向的坚硬顶板运动破断规律,揭示采场矿山压力显现机理,指导采煤工作面支架选型等,应用广泛[74]。侧向弧形空间铰接板结构是侧向可以活动的板结构,依据工程问题的主要矛盾,可简化为等腰三角形板结构、砌体梁结构[105-106,167]。

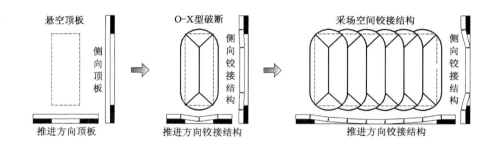

图 2-1　采场坚硬顶板破断结构演化过程

2.1.2　采场侧向坚硬顶板结构力学模型

采动侧向硬顶活化型动载形成机理涉及采动下位侧向坚硬顶板结构的失稳判据、上部侧向坚硬顶板结构的活化判据。依据侧向坚硬顶板断裂线与煤壁的相对位置,可将侧向坚硬顶板砌体梁结构分为 3 类,分别位于采空区上方(A类)、煤壁上方(B类)及煤体上方(C类),如图 2-2 所示。刚性地基的坚硬顶板断裂线位于煤壁正上方,此处弯矩最大,易发生拉破坏;弹性及弹塑性地基的坚硬顶板断裂线应位于煤体上方,最大弯矩远离煤壁正上方,向煤体内转移;坚硬顶板在采空区上方存在天然裂隙时,坚硬顶板均沿着天然裂隙断裂,断裂线应位于距离煤壁不远处的采空区上方。侧向悬空状态的岩梁支撑上部软弱岩层重量及部分上部坚硬岩层重量,在采动超前支承应力作用下该结构的运动状态是影响下位邻空巷道稳定性的关键因素。

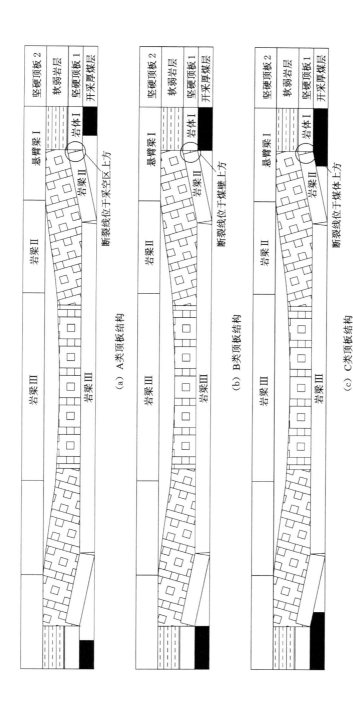

图2-2 采场侧向铰接砌体结构

(a) A类顶板结构

(b) B类顶板结构

(c) C类顶板结构

2.2 采动侧向坚硬顶板结构失稳破断机制

采空区侧向砌体梁结构将依次经历覆岩静态载荷及动态支承压力作用,其稳定性关系到下位邻空巷道的稳定状态。本章建立典型条件下采空区侧向坚硬顶板破断后的结构力学模型,研究负载软弱岩层重量、超前支承应力、物理力学属性等对侧向坚硬顶板结构失稳及断裂的影响规律,确定其力学失稳、断裂判别准则,揭示采动支承应力与结构失稳的本质关系。

2.2.1 侧向坚硬顶板岩梁结构尺寸特征

(1)坚硬顶板沿推进方向的断裂步距:在工作面推进方向上,坚硬顶板周期破断前为刚性地基或者弹性地基的砌体梁、悬臂梁结构模型,刚性地基的砌体梁和悬臂梁结构对应的周期破断步距分别见式(2-1)和式(2-2)[111],弹性地基的砌体梁和悬臂梁结构对应的周期破断步距分别见式(2-3)和式(2-4)[74, 101]。

$$L = h_1 \sqrt{\frac{2h_1 - L\sin \alpha_a}{3h_1 - 2L\sin \alpha_a} \cdot \frac{R_T}{6q}} \tag{2-1}$$

$$L = h_1 \sqrt{\frac{R_T}{3q}} \tag{2-2}$$

$$L = L' + x' \tag{2-3}$$

$$L = L' + x'' \tag{2-4}$$

式中,L 为周期破断步距,m;h_1 为坚硬岩层厚度,m;R_T 为岩层抗拉强度,MPa;q 为坚硬顶板承受的上部软弱岩层重量及自重之和,MPa;α_a 为最新断裂岩梁的回转角,(°);L' 为梁的悬臂段长度,m;x' 为弹性地基的砌体梁在煤壁前方断裂位置至煤壁的距离,m;x'' 为弹性地基的悬臂梁在煤壁前方断裂位置至煤壁的距离,m。

(2)下位岩梁 II 的侧向断裂长度:覆岩坚硬顶板周期破断步距 L 确定后,侧向坚硬顶板破断后的悬跨度 L_{II} 可根据板的屈服线分析法来计算,见式(2-5)[105]。相关研究认为当 $s/L_{II} > 6$ 时,可认为 L_{II} 近似等于 L。基于此可以确定简化后的下位岩梁 II 的侧向断裂长度,如图 2-3 所示,根据研究问题的主要矛盾,可将其简化为等腰三角形板结构及单位宽度的矩形梁结构。

$$L_{II} = \frac{2L}{17} \left[\sqrt{\left(10 \frac{L}{s}\right)^2 + 102} - 10 \frac{L}{s} \right] \tag{2-5}$$

式中,L_{II} 为上部或者下位岩梁 II 的侧向悬跨度,m;L 为周期破断步距,m;s 为工作面长度,m。

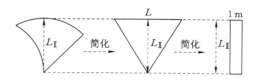

图 2-3 侧向弧形板结构及其简化

(3) 下位岩梁 II 的断裂线位置:依据采场覆岩坚硬顶板结构演化机理,A 类结构 $0 < x_0 < L_{II} - x'$,取负值;B 类结构 $x_0 = 0$;C 类结构 $x_0 = x'$。C 类结构 x_0 亦可由极限平衡理论、两区约束理论近似求解,见式(2-6)和式(2-7)。

$$x_0 = \frac{h_m A}{2\tan \varphi_0} \ln\left[\left(K\gamma H + \frac{C_0}{\tan \varphi_0}\right) \Big/ \left(\frac{C_0}{\tan \varphi_0} + \frac{p_x}{A}\right) \right] \qquad (2\text{-}6)$$

$$x_0 = \frac{h_m (1 - \sin \varphi)^2}{\sin(2\varphi)} \ln \frac{K\gamma H}{\sigma_0} \qquad (2\text{-}7)$$

式中,h_m 为采高,m;A 为极限平衡区与交界面处的侧压系数;φ_0 为煤层与岩层的界面内摩擦角,(°);C_0 为煤层与岩层的界面黏聚力,MPa;K 为应力集中系数;γ 为上覆岩层容重,N/m³;H 为煤层埋深,m;p_x 为煤柱一侧支护强度,MPa;φ 为煤体内摩擦角,(°);σ_0 为煤体单轴抗压强度,MPa。

(4) 下位岩梁 II 容许下沉空间:下位岩梁 II 允许的活动空间由其下方冒落顶板厚度、开采高度决定,如图 2-4 所示。对于 A 类和 B 类侧向顶板结构,下位

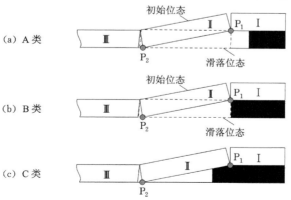

图 2-4 侧向砌体梁结构失稳位态分析模型

岩梁Ⅱ失稳后的容许下沉空间相同，平均容许下沉空间见式(2-8)；对于 C 类侧向坚硬顶板结构，下位岩梁Ⅱ失稳后，由煤体和采空区冒落矸石支撑，其容许下沉空间相对较小，由采空区边缘煤体的刚度决定，结构形态基本不变。

$$d_s = \frac{1}{2}(h_m + h_T)\left[1 - K_m(1 - \eta)\right] \tag{2-8}$$

式中，d_s 为下位岩梁Ⅱ失稳时的平均下沉量，m；h_T 为冒落顶板厚度，m；K_m 为冒落矸石碎胀系数；η 为工作面端部采出率。

2.2.2 下位岩梁Ⅱ失稳判据

（1）下位岩梁Ⅱ结构力学模型：依据采空区侧向坚硬顶板结构特征，下位岩梁Ⅱ的结构力学模型如图 2-5 所示。A 类与 B 类结构力学模型相同，C 类结构多了一组采空区侧向煤体支撑力。对该模型做如下简化：岩梁上方的软弱岩层完全由岩梁本身承载，传播上部坚硬岩梁的附加载荷，紧随岩梁运动；位于下位岩梁Ⅱ下方的侧向煤体处于极限平衡状态；采动支承应力由上部坚硬岩梁的附加载荷增量表示，即采动影响后的附加载荷是采动影响前的附加载荷加上采动增量载荷；工作面周期来压步距相等，侧向岩梁的几何尺寸不变。

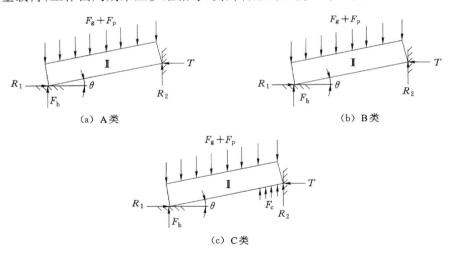

图 2-5　下位侧向砌体梁结构力学模型

侧向砌体梁结构具有如下特征：下位岩梁Ⅱ与岩体Ⅰ之间处于弹塑性铰接状态，铰接位置作用面的力学性质影响结构的稳定性；下位岩梁Ⅱ承载软弱岩层重量、上部悬臂梁Ⅰ作用到软弱岩层的附加载荷及岩梁自身重量，趋向于做顺时针旋转,将失去下位岩梁Ⅲ的作用;下位岩梁Ⅱ靠近采空区侧底角接触采空区底板,承受采空区底板的垂向约束和水平摩擦力;下位岩梁Ⅱ靠采空区底板水平摩擦力及下位岩体Ⅰ的垂直摩擦力保持平衡。

(2) 下位岩梁Ⅱ的稳定性影响因素:下位岩梁Ⅱ的几何特征涉及梁的跨度 $L_{\text{Ⅱ}}$、厚度 h_1、倾角 θ;岩梁交界处的接触面积 a[74]、挤压强度 σ_p、摩擦系数 $\tan \varphi_b$;上部软弱岩层及岩梁自身的合重 F_g;上部悬臂梁Ⅰ的附加载荷 F_p;采空区侧向煤体支撑力 F_c、摩擦系数 $\tan \varphi_f$。相关参数求解见式(2-9)至式(2-13)。

$$\theta = \arcsin\left(\frac{2d_s}{L_{\text{Ⅱ}}}\right) \tag{2-9}$$

$$a = \frac{1}{2}(h_1 - 2d_s) \tag{2-10}$$

$$\sigma_p = \eta_p \sigma_c \tag{2-11}$$

$$F_g = \gamma_1(L_{\text{Ⅱ}} h_1 + L_{\text{Ⅱ}} h_1 \cos \theta) \tag{2-12}$$

$$F_c = \int_0^{x_0} \sigma_y \mathrm{d}x = \int_0^{x_0}\left[\left(\frac{C_0}{\tan \varphi_0} + \frac{p_x}{A}\right)\mathrm{e}^{\frac{2\tan \varphi_0}{h_m A}x} - \frac{C_0}{\tan \varphi_0}\right]\mathrm{d}x \tag{2-13}$$

式中,η_p 是挤压强度系数;γ_1 是岩梁及其上方软弱岩层的平均容重,N/m³;h_1 是坚硬顶板 1 与坚硬顶板 2 之间软弱岩层的累计厚度,m;σ_c 是下位岩梁的单轴抗压强度,MPa;φ_f 为采空区底板围岩内摩擦角,(°),将在判别式中用到。

(3) 下位岩梁Ⅱ的失稳机理:如图 2-4 所示,下位岩梁Ⅱ靠采空区底板水平摩擦力及下位岩体Ⅰ的垂直摩擦力保持平衡,接触点分别为 P_1、P_2。只有 P_1 和 P_2 点破坏后,下位岩梁Ⅱ才有可能从初始位态运动到滑落位态,当接触位置处的剪力大于岩梁间的摩擦力或者接触位置发生挤压破坏时,结构将发生滑落失稳。

对于 A 类和 B 类结构,考虑下位岩梁Ⅱ发生剪切型滑落失稳。下位岩梁Ⅱ属于一次超静定结构,假定结构在 P_1 位置先发生剪切型破坏,可获得结构失稳协调条件,见式(2-14)。由静力学平衡可得岩梁未知力之间的关系如式(2-15)及式(2-16)。当下位岩梁Ⅱ与采空区底板接触位置 P_2 处的摩擦阻力小于两者之间的剪力时,岩梁将发生剪切型滑落失稳,其保持平衡不失稳的判据见式(2-17)。研究发现下位岩梁Ⅱ发生剪切失稳与其承受载荷大小无关,只与结构的几何尺寸相关。随着上部悬臂梁Ⅰ施加到软弱岩层的附加载荷 F_p 的增加,下位岩梁Ⅱ在 P_1 接触面上的挤压力大于岩梁的极限挤压荷载时,下位岩梁Ⅱ可能在铰接处发生挤压型破坏,结构会发生切落失稳,其判定条件是式(2-18)。

$$R_2 = T\tan\varphi_b \tag{2-14}$$

$$\begin{cases} T = R_1 \\ F_b = F_g + F_p - T\tan\varphi_b \\ T(L_{\mathrm{II}}\sin\theta + L_{\mathrm{II}}\cos\theta\tan\varphi_b) = (F_g + F_p)(L_{\mathrm{II}}\cos\theta - h_1\sin\theta)/2 \end{cases}$$
$$\tag{2-15}$$

$$T = \frac{(F_g + F_p)(L_{\mathrm{II}}\cos\theta - h_1\sin\theta)}{2L_{\mathrm{II}}\sin\theta + 2L_{\mathrm{II}}\cos\theta\tan\varphi_b} \tag{2-16}$$

$$\frac{h_1}{L_{\mathrm{II}}} \geqslant \frac{1 - 2\tan\theta\tan\varphi_f - \tan\varphi_b\tan\varphi_f}{\tan\theta + \tan\theta\tan\varphi_b\tan\varphi_f} \tag{2-17}$$

$$F_p \geqslant \frac{\eta_p\sigma_c(h_1 - 2d_s)(L_{\mathrm{II}}\sin\theta + L_{\mathrm{II}}\cos\theta\tan\varphi_b)}{L_{\mathrm{II}}\cos\theta - h_1\sin\theta} - F_g \tag{2-18}$$

对于 C 类结构,其水平推力见式(2-19),保持平衡不发生剪切破坏的判据见式(2-20),发生挤压破坏的判据见式(2-21)。区别在于,C 类结构在岩梁铰接处发生剪切破坏或者挤压破坏后不会发生滑落失稳,而是受下方煤体支撑,处于几何形态空间稳定状态。各式中,F_c 的等效力臂 L_c 可由式(2-22)获得。

$$T' = \frac{(F_g + F_p)(L_{\mathrm{II}}\cos\theta - h_1\sin\theta) - F_c L_c}{2L_{\mathrm{II}}\sin\theta + 2L_{\mathrm{II}}\cos\theta\tan\varphi_b} \tag{2-19}$$

$$F_p \leqslant \frac{2F_c(L_c + L_{\mathrm{II}}\tan\varphi_b\tan\varphi_f - L_{\mathrm{II}}\sin\theta\tan\varphi_f - L_{\mathrm{II}}\cos\theta\tan\varphi_b\tan\varphi_f)}{L_{\mathrm{II}}\cos\theta - h_1\sin\theta - L_{\mathrm{II}}\cos\theta\tan\varphi_b\tan\varphi_f - h_1\sin\theta\tan\varphi_b\tan\varphi_f - L_{\mathrm{II}}\sin\theta\tan\varphi_f} - F_g$$
$$\tag{2-20}$$

$$F_p \geqslant \frac{\eta_p\sigma_c(h_1 - 2d_s)(L_{\mathrm{II}}\sin\theta + L_{\mathrm{II}}\cos\theta\tan\varphi_b) + 2F_c L_c}{L_{\mathrm{II}}\cos\theta - h_1\sin\theta} - F_g \tag{2-21}$$

$$L_c = L_{\mathrm{II}}\cos\theta - \frac{\displaystyle\int_0^{x_0}\sigma_y(x_0 - x)\mathrm{d}x}{F_c} \tag{2-22}$$

2.2.3　上部侧向岩梁结构的失稳、断裂判据

(1)上部岩梁结构力学模型:以 B 类岩梁结构为例,上部坚硬岩层断裂后的侧向砌体梁结构如图 2-2(b)所示。下位坚硬顶板破断后,下位岩梁Ⅲ完全接触采空区,其上方软弱岩层紧随下位岩梁Ⅲ运动,与上部岩梁Ⅱ及岩梁Ⅲ离层;下位岩体Ⅱ的承载结构使其上部软弱岩层处于承压状态,承载上部悬臂梁Ⅰ的附加载荷。对上部侧向砌体梁结构作如下简化:上部的岩梁Ⅱ与岩梁Ⅲ仅承载上部软弱岩层及自身重量,不受采动支承应力影响;悬臂梁承载侧向支承应力与采动超前支承应力叠加作用;上部悬臂梁Ⅰ、上部岩梁Ⅱ及岩梁Ⅲ近似在一

个水平面上,且上部悬臂梁Ⅰ与上部岩梁Ⅱ在底端铰接,上部岩梁Ⅱ与上部岩梁Ⅲ在顶端铰接。上部岩梁Ⅰ、上部岩梁Ⅱ与上部岩梁Ⅲ的力学模型如图 2-6 所示。下位岩梁Ⅱ的支撑作用,使上部坚硬顶板断裂后形成悬臂梁Ⅰ;煤层采高较大,使上部岩梁Ⅱ与岩梁Ⅲ处于悬空状态。

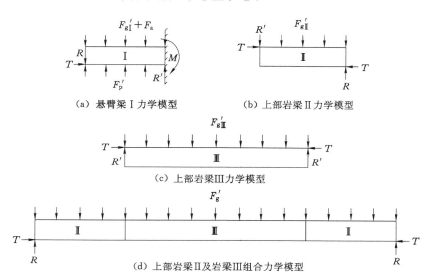

（a）悬臂梁Ⅰ力学模型　　　　（b）上部岩梁Ⅱ力学模型

（c）上部岩梁Ⅲ力学模型

（d）上部岩梁Ⅱ及岩梁Ⅲ组合力学模型

图 2-6　上部侧向砌体梁结构力学模型

（2）上部岩梁结构稳定性影响因素:岩梁的几何特征涉及上部悬臂梁的悬臂长度 L_{I}'、上部岩梁Ⅱ的悬跨度 L_{II}'、岩梁Ⅲ的悬跨度 L_{III}' 以及岩梁的厚度 h_2;岩梁交界处的接触面积 a［见式(2-10)］、挤压强度 σ_{p}［见式(2-11)］、摩擦系数 $\tan\varphi'$;上部软弱岩层及岩梁的合重 F_{g}';下位岩梁的支撑力 F_{p}';采动支承应力 F_{a}[168]。相关参数求解见式(2-23)至式(2-29)。

$$L_{\mathrm{I}}' = \zeta L_{\mathrm{II}} \ (0 \leqslant \zeta \leqslant 1) \tag{2-23}$$

$$L_{\mathrm{II}}' = \frac{2L}{17}\left[\sqrt{\left(10\frac{L}{s-L_{\mathrm{I}}'}\right)^2 + 102} - 10\frac{L}{s-L_{\mathrm{I}}'}\right] \tag{2-24}$$

$$L_{\mathrm{III}}' = s - 2(L_{\mathrm{I}}' + L_{\mathrm{II}}') \tag{2-25}$$

$$F_{\mathrm{g}j}' = \gamma_2(h_2 + h_{\mathrm{II}})L_j' \ (j = \mathrm{I}, \mathrm{II}, \mathrm{III}) \tag{2-26}$$

$$F_{\mathrm{g}}' = \gamma_2(h_2 + h_{\mathrm{II}})(2L_{\mathrm{II}}' + L_{\mathrm{III}}') \tag{2-27}$$

$$F_{\mathrm{a}} = L_{\mathrm{I}}'\begin{cases} a_1 x_{\mathrm{d}} + a_2 - \gamma'H & x_{\mathrm{d}} < w_0 \\ a_3 \mathrm{e}^{a_4(w_0 - x_{\mathrm{d}})} + a_5 - \gamma'H & x_{\mathrm{d}} \geqslant w_0 \end{cases} \tag{2-28}$$

$$F_p' = F_p \qquad (2\text{-}29)$$

式中，ζ 是上部悬臂梁长度与下位岩梁 II 长度的比值；γ_2 是上部坚硬顶板及其承载软弱岩层的平均容重，kN/m^3；h_{II} 是上部坚硬顶板上方软弱岩层厚度，m；L_j' 是第 j 个岩梁块体长度，m；a_1，a_2，a_3，a_4 及 a_5 是支承应力数学模型参数；w_0 是采空区一侧煤体塑性区宽度，m；x_d 是距工作面推进方向的距离，m；γ' 是地层的平均容重，kN/m^3；H 是地层埋深，m。

（3）上部岩梁结构失稳机理：该侧向砌体梁结构失稳的诱导因素是采动支承应力，而非结构本身的几何尺寸。受工作面采动超前支承应力作用，上部悬臂梁 I 向下传播支承应力，作用到下位岩梁 II，当达到失稳条件时，下位岩梁 II 将发生滑落失稳，上方软弱岩层随之垮落，失去了对上部悬臂梁 I 的支撑作用，在采动支承应力作用下，上部悬臂梁 I 将发生旋转下沉，导致上部岩梁间的水平作用力 T' 逐渐减小甚至瞬间消失，当水平力 T' 提供的向上的摩擦力不足以支撑结构本身及上部软弱岩层重量时，结构将发生滑落失稳。当岩梁间水平力大于岩梁间的挤压强度时，岩梁将发生回转失稳，结构失稳判据见式（2-30）。失稳后，上部岩梁 II 及岩梁 III 会对底板形成冲击，悬臂梁 I 达到极限弯矩后发生破断。

$$T' \leqslant \frac{1}{2} F_g' \cot \varphi' \parallel T' \geqslant \eta_p' \sigma_c' a' \qquad (2\text{-}30)$$

由砌体梁理论可得，上部岩梁 II 和岩梁 III 组合体不发生滑落失稳的判据见式（2-31），岩梁 II 或者岩梁 III 不发生滑落失稳的判据见式（2-32），岩梁间不发生挤压破坏的判据见式（2-33）。根据弯矩方程和剪力方程可求出最大拉应力和剪应力，均发生在固支端，当达到极限抗拉强度和抗剪切强度时，悬臂梁 I 将破断失稳，悬臂梁 I 不发生剪切破坏及拉破坏的判据见式（2-34）和式（2-35）。

上部悬臂梁 I 未受采动影响前，F_a 取为 0，将下位岩梁 II 失稳时的极限 F_p 代入式（2-34）和式（2-35）后可判断上部悬臂梁 I 在该阶段是否会发生剪断或拉断。同理，当下位岩梁 II 失稳前，将采动支承应力 F_a 及极限 F_p 代入式（2-34）和式（2-35）后可判断上部悬臂梁 I 在该阶段是否会发生剪断或拉断。当下位岩梁 II 失稳后，F_p 取为 0，同理可判断上部悬臂梁 I 是否会发生断裂。

$$h_2 \leqslant \frac{L_{II}'(L_{II}' + L_{III}')}{2L_{II}' + L_{III}'} \tan \varphi' \qquad (2\text{-}31)$$

$$h_2 \leqslant \frac{L_{II}'(L_{II}' + L_{III}')}{L_{III}'} \tan \varphi' \qquad (2\text{-}32)$$

$$h_2{}^2 - \frac{\gamma_2 L_{\text{II}}{}'(L_{\text{II}}{}' + L_{\text{III}}{}')}{\eta_p \sigma_c{}'}h_2 - \frac{\sum\limits_{i=1}^{n}\left[\gamma_i h_i L_{\text{II}}{}'(L_{\text{II}}{}' + L_{\text{III}}{}')\right]}{\eta_p \sigma_c{}'} \geqslant 0 \quad (2\text{-}33)$$

$$\tau_{\max} = \frac{2F_{\text{gI}}{}' + 2F_a + F_g{}' - F_p}{2h_2} \leqslant [\tau] \quad (2\text{-}34)$$

$$\sigma_{\max} = \frac{3(F_{\text{gI}}{}' + F_a + F_g{}' - F_p)L_{\text{I}}{}'}{h_2{}^2} \leqslant R_{\text{T}}{}' \quad (2\text{-}35)$$

上部侧向砌体梁结构失稳前，悬臂梁 I 受已知力 T、R、$F_{\text{gI}}{}'$、F_a 及未知力 $F_p{}'$、R'、M 作用，该力学模型属于一次超静定结构，借助变形协调条件，即悬臂梁 I 自由端的极限挠度 $\omega_{\max}$ 的 δ 倍，$0 \leqslant \delta \leqslant 1$，可以求解未知力的大小。根据梁的挠度叠加原理，求解该悬臂梁自由端挠度后，可求得极限采动超前支承应力 $F_a{}'$，见式(2-36)。式中 $F_p{}'$ 取为下位岩梁 II 失稳时的极限值。

$$F_a{}' = \frac{F_p{}' - F_{\text{gI}}{}'}{L_{\text{I}}{}'} - \frac{4F_g{}'}{3L_{\text{I}}{}'} - \frac{8\delta\omega_{\max}EI}{(L_{\text{I}}{}')^4} \quad (2\text{-}36)$$

当下位岩梁 II 切落失稳后，上部悬臂梁 I 的支撑载荷 $F_p{}'$ 将消失，悬臂梁 I 在超前采动支承应力作用下产生旋转下沉，岩梁达到抗拉强度时发生破断，自由端的极限挠度和转角见式(2-37)和式(2-38)。

$$\omega_{\max} = -\frac{R_{\text{T}}{}'L_{\text{I}}{}^2}{2Eh_2} \quad (2\text{-}37)$$

$$\theta'_{\max} = -\frac{R_{\text{T}}{}'L_{\text{I}}}{3Eh_2} \quad (2\text{-}38)$$

2.3 采动侧向竖硬顶板结构活化动载强度

岩石结构相互作用瞬间，其运动状态发生变化，可能发生材料失稳及结构失稳，释放部分动载，例如底板浅部围岩发生冲击屈曲进入塑性破坏状态，形成材料失稳。上部悬臂梁 I 发生断裂运动，释放弹性变形能，形成"断裂型动载"，上部岩梁 II、岩梁 III 及其承载的软弱岩层垮落后作用到采空区，作用区域内围岩承载动力载荷，产生短时剧烈变形，由静止状态变为运动状态，形成"冲击型动载"。本书将因侧向硬顶结构失稳和断裂引起的冲击型动载和断裂型动载统称为"侧向硬顶活化型动载"，简称"活化型动载"。本节基于"动荷系数法""弹性变形能法"计算侧向砌体梁结构失稳后冲击采空区时的冲击型动载和悬臂梁断裂时的断裂型动载。

2.3.1　上部岩梁运动空间

采动侧向砌体梁结构失稳后的下沉量受采高 h_m、煤层采出率 η、遗留煤体碎胀系数 k_m、软弱岩层碎胀系数 k_r 以及上部岩梁失稳前的下沉量 w 影响,依据图 2-2 所示的空间特征,其下沉空间可由式(2-39)确定。

$$d_s{}' = h_m[1 - (1 - \eta)k_m] - h_1(k_r - 1) - w \tag{2-39}$$

式中,$d_s{}'$ 为上部岩梁失稳后的运动空间,m;w 为上部岩梁失稳前的下沉量,可由式(2-40)确定。

$$w = \frac{F_g{}'(2L_{II}{}' + L_{III}{}')^3}{384EI} \tag{2-40}$$

2.3.2　结构失稳引起的冲击型动载强度

上部岩梁 II 和岩梁 III 承载软弱岩层重量和自身重量,超前采动支承应力作用使下位岩梁 II 失稳,上部悬臂梁 I 一部分支撑力(下位岩梁 II 的支撑力及水平方向的挤压力)被解除,使上部悬臂梁 I 与岩梁 II 铰接处下沉,当达到该悬臂梁的极限承载能力时,悬臂梁发生破断,岩梁间的水平挤压力瞬间减小,当小于结构稳定所需水平挤压力时,上部岩梁 II 和岩梁 III 发生垮落运动,冲击采空区。

基于"动荷系数法"[169],求解上部岩梁失稳冲击采空区时的动载强度大小见式(2-41),式中,δ_{st} 为岩梁垮落后采空区破碎岩块的压缩量,其计算见式(2-42)。将式(2-42)代入式(2-41)可得冲击型动载强度解析解,如式(2-43)所示。该模型中,上部岩梁垮落后的作用对象是软弱岩层、垮落后的下位坚硬顶板以及开采煤层直接底板。

$$\sigma_{sc} = \left(1 + \sqrt{1 + \frac{2d_s{}'}{\delta_{st}}}\right)\gamma_2(h_2 + h_{II}) \tag{2-41}$$

$$\delta_{st} = \frac{(2L_{II}{}' + L_{III}{}')\gamma_2(h_2 + h_{II})}{k_f{}'} \tag{2-42}$$

$$\sigma_{sc} = \gamma_2(h_2 + h_{II}) + \sqrt{\gamma_2{}^2(h_2 + h_{II})^2 + \frac{2d_s{}'k_f{}'\gamma_2(h_2 + h_{II})}{2L_{II}{}' + L_{III}{}'}} \tag{2-43}$$

式中,σ_{sc} 为冲击型动载强度,MPa;$k_f{}'$ 是垮落岩梁作用对象的抗压刚度,MN/m。

2.3.3　悬臂梁断裂引起的断裂型动载强度

上部悬臂梁 I 承载软弱岩层重量、自身重量及采动支承应力,下位岩梁 II

失稳瞬间,悬臂梁一部分支撑力被解除,当达到梁的抗剪强度[见式(2-34)]或抗拉强度[见式(2-35)]时,悬臂梁发生破断,积聚的弹性变形能将释放,作用到周围煤岩体,产生动载。依据"弹性变形能法",上部悬臂梁Ⅰ破断前累计的弹性变形能可由公式(2-44)获得。悬臂梁断裂前,悬臂段及其上覆载荷由固支段支撑,防止悬臂梁沿断裂面发生拉断,用一对等效的动力偶来代替固支段对悬臂段的支撑作用。基于式(2-38)和式(2-44)可求出等效动力偶的大小,见式(2-45)。依据材料力学,可获得动力偶产生的平均动载强度,见式(2-46)。

$$V_\varepsilon = \frac{R_T{'}(L_I{'})^2}{20Eh_2}(4F_{gI}{'} + 4F_a + 5F_g{'}) \tag{2-44}$$

$$M_\varepsilon = \frac{3L_I{'}}{20}(4F_{gI}{'} + 4F_a + 5F_g{'}) \tag{2-45}$$

$$\sigma_{sd} = \frac{1}{I_Z}\frac{\int_0^{h_2/2} M_\varepsilon y\,\mathrm{d}y}{h_2/2} = \frac{9L_I{'}}{20h_2{}^2}(4F_{gI}{'} + 4F_a + 5F_g{'}) \tag{2-46}$$

式中,V_ε 为弹性变形能,M_ε 为等效力偶,I_Z 为岩梁的截面惯性矩。

2.4　采动岩层活化动载特征典型案例分析

2.4.1　典型案例力学解析分析

2.4.1.1　工程地质概况

阳煤一矿主采15#煤层,该煤层埋深平均600 m;煤层的厚度为6.2～7.8 m,平均为6.5 m;煤层倾角2°～11°,平均4°,为近水平煤层;总体构造形态为一单斜构造;煤层的层理和节理比较发育;涌水量最大为2 m³/h,正常为0.2 m³/h;瓦斯的绝对涌出量达0.86 m³/min。本书以15#煤层、13采区的81303工作面为解析分析对象,该工作面为东西走向,南面为相邻区段工作面采空区,北面为相邻未开采的实煤体,西面分布着多条大巷,东面为采区的边界,上方和下方不存在采空区。工作面回风巷沿基本顶掘进,掘进断面大小为5 m×4 m。工作面倾斜长220 m,走向推进距离为2 200 m,日进尺约为5 m。采掘工程平面图见图2-7,局部综合柱状图见图2-8。靠近开采煤层上方存在两层厚层坚硬顶板,岩性分别为石灰岩和细砂岩,分别距煤层0 m和46.5 m,平均厚度分别为13.5 m和18 m。

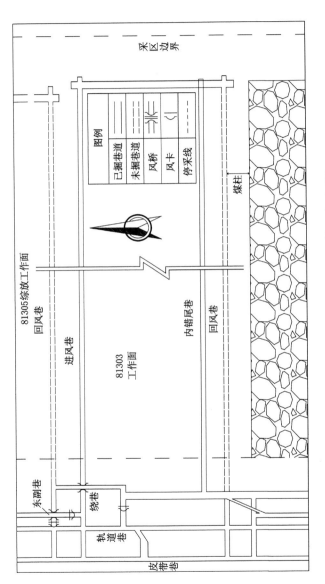

图2-7 阳煤一矿81303大采高工作面采掘工程平面图

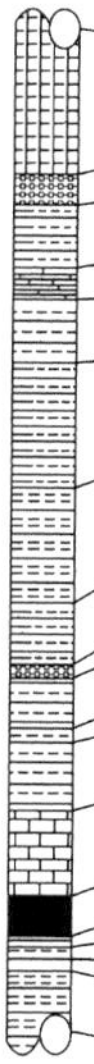

岩性	厚度/m	埋深/m	描述
中砂岩	23.0	−479.0	上部坚硬顶板
粉砂岩	5.0	−484.0	上部软弱岩层组
砂质泥岩	10.0	−494.0	
粉砂泥岩	5.0	−499.0	
泥岩	10.0	−509.0	
砂质泥岩	20.0	−529.0	
细砂岩	18.0	−547.0	上部坚硬顶板
砂质泥岩	10.0	−557.0	下位软弱岩层组
粉砂岩	2.0	−559.0	
泥岩	8.0	−567.0	
细砂岩	2.0	−569.0	
泥岩	11.0	−580.0	
石灰岩	13.5	−593.5	下位坚硬顶板
15#煤	6.5	−600.0	煤层
泥岩	2.0	−602.0	底板岩层
细砂岩	1.5	−603.5	
泥岩(含铝土质)	2.2	−605.7	
细砂岩	10.0	−615.7	

图 2-8 阳煤一矿 81303 大采高工作面局部综合柱状图

2.4.1.2 理论模型参数

根据现场调研、实验室测试及现场数据拟合,获得阳煤一矿 81303 工作面覆岩坚硬顶板Ⅰ和坚硬顶板Ⅱ的物理力学参数,如表 2-1 所列。

表 2-1 理论模型的物理力学参数

坚硬顶板Ⅰ(石灰岩)		坚硬顶板Ⅱ(细砂岩)	
h_1/m	13.5	h_2/m	18
$h_Ⅰ$/m	33	$h_Ⅱ$/m	50
γ_1/(kN/m³)	22	γ_2/(kN/m³)	24
α/(°)	10	α/(°)	10
R_T/MPa	15	R_T'/MPa	22
s/m	220	ζ	0.5
h_m/m	6.5	$[\tau]$/MPa	30
h_T/m	0	E/MPa	50 000
k_m	1.2	δ	1
η	0.8	η_P	0.3

表 2-1(续)

坚硬顶板 I（石灰岩）		坚硬顶板 II（细砂岩）	
η_{p}	0.3	$\sigma_{\mathrm{c}}/\mathrm{MPa}$	100
$\sigma_{\mathrm{c}}/\mathrm{MPa}$	86	$\varphi'/(°)$	50
$\varphi/(°)$	40	a_1	2.66
$\varphi_{\mathrm{f}}/(°)$	30	a_2	5.36
k_{r}	1.05	a_3	22.5
$k_{\mathrm{f}}/(\mathrm{MPa/m})$	30 000	a_4	0.10
		a_5	15
		x_0	12.08

2.4.1.3 结果分析

（1）下位坚硬顶板失稳机理：将模型参数代入理论模型后，计算获得阳煤一矿 81303 工作面上方坚硬顶板 I 的周期断裂步距为 17.61 m，下位岩梁 II 的侧向跨度为 19.33 m、容许下沉空间为 2.47 m、倾角为 14.81°，下位岩梁 II 及其承载的软弱岩层均布应力为 1.00 MPa。将所求参数代入判别式（2-17）可知，该结构在未受到采动支承应力影响时可以保持静力平衡；将所求参数代入式（2-18）可得，下位岩梁 II 发生切落失稳的极限附加载荷为 10.39 MPa，即上部悬臂梁 I 作用到下位岩梁的力 F_{p} 大于极限附加载荷时，下位岩梁 II 将切落失稳。

（2）上部坚硬顶板失稳机理：将模型参数代入理论模型后，计算获得阳煤一矿 81303 工作面上部坚硬顶板 2 的周期断裂步距为 27.27 m。破断后，岩梁 I 的悬臂长度为 9.67 m，岩梁 II 的侧向跨度为 28.50 m，岩梁 III 的侧向跨度为 143.66 m，岩梁 I 及其承载上方软弱岩层合重为 15 774 kN（等效为 1.63 MPa 的均布应力），岩梁 II 和岩梁 III 铰接体及其承载上方软弱岩层合重为 327 491 kN（等效为 1.63 MPa 的均布应力）。未受超前采动支承应力影响前，将模型参数代入判别式（2-31）至式（2-35）可知，上部岩梁结构在自重及软弱岩层作用下可以保持静力平衡不失稳。由式（2-36）可得，下位岩梁失稳的极限附加支承应力为 7.37 MPa。由式（2-30）可计算出上部岩梁间发生剪切型滑落失稳的极限水平力为 137 399 kN（等效为 7.63 MPa 的均布应力）。作用到岩梁 I 上的采动附加支承应力如图 2-9 所示。上部岩梁 I 内的最大剪应力和最大拉应力分布分别如图 2-10 和图 2-11 所示。上部岩梁失稳的判据如图 2-12 所示。

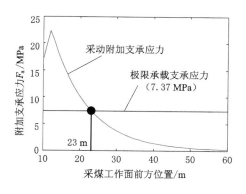

图 2-9　下位侧向砌体梁失稳判据

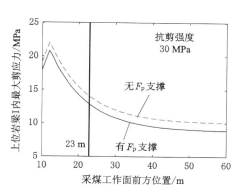

图 2-10　上部悬臂梁剪切断裂判据

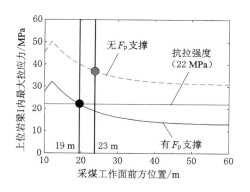

图 2-11　上部悬臂梁拉断裂判据

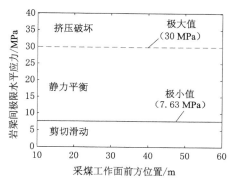

图 2-12　上部岩梁间力学失稳判据

距采煤工作面 23 m 时,作用到上部岩梁 Ⅰ 上的采动支承应力达到 7.37 MPa(见图 2-9),下位岩梁 Ⅱ 将发生失稳切落。支撑上部岩梁 Ⅰ 的力 F_p (200 774 kN)瞬间消失,此时上部岩梁 Ⅰ 内的最大剪应力小于岩梁的抗剪强度 (图 2-10),岩梁不发生剪切破坏。相反,上部岩梁 Ⅰ 内的最大拉应力将显著高于岩梁的抗拉强度,岩梁被拉断,形成断裂型动载。其次,随着上部岩梁 Ⅰ 的断裂回转下沉,当上部岩梁间的水平力提供的摩擦力不足以支撑岩梁间的剪力时 (图 2-11),岩梁间会发生滑落失稳;当上部岩梁间的水平力大于岩梁间的挤压强度时,岩梁间挤压破坏,发生回转失稳;失稳后的上部岩梁冲击采空区底板,形成冲击型动载。

(3) 上部岩梁活化动载特征:上部顶板活化产生动载的根源有两类,一类是岩梁 I 在超前支承应力作用下破断,弹性能释放产生的动载,将参数代入式(2-46)可计算出岩梁破断瞬间的断裂型动载大小为 26.70 MPa;另一类是岩梁 II 及岩梁 III 失稳后对采空区底板的冲击载荷,将模型参数代入式(2-43)可得,冲击型动载大小为 39.97 MPa。

2.4.1.4 动载强度影响因素

由式(2-39)、式(2-40)和式(2-43)可知,冲击型动载强度与上部岩梁厚度 h_2、上部坚硬顶板上方软弱岩层厚度 h_{II}、上部悬臂梁 I 的悬臂长度 L_I、上部岩梁的弹性模量 E、岩层平均容重 γ_2、岩梁的抗拉强度 R_T'、采煤工作面侧向长度 s、煤层采高 h_m、煤层采出率 η、遗留煤体碎胀系数 k_m、下位软弱岩层厚度 h_I 及其碎胀系数 k_r、采空区底板抗压刚度 k_f 有关。由式(2-46)可知,断裂型动载强度与上部岩梁厚度 h_2、上部坚硬顶板上方软弱岩层厚度 h_{II}、上部悬臂梁 I 的悬臂长度 L_I、岩层平均容重 γ_2 有关。

本书采用控制变量的方法,分三类影响因素研究动载强度特征,岩梁几何属性涉及工作面侧向长度、岩梁厚度、软弱岩层厚度、采高。岩梁物理相关系数涉及煤体碎胀系数、工作面采出率、上部岩梁 I 悬臂长度比例系数、上部岩梁 I 自由端挠度比例系数、软弱岩层碎胀系数。岩梁力学属性涉及岩梁抗拉强度、岩梁间挤压强度、岩梁间摩擦角、弹性模量和采空区底板围岩抗压刚度。具体计算方案见表 2-2 至表 2-4,所有参数的选取应满足模型的使用条件,即式(2-17)、式(2-31)、式(2-32)和式(2-33)。

表 2-2　岩梁几何属性对动载强度影响计算方案

影响因素	s/m	h_1/m	h_2/m	h_I/m	h_{II}/m	h_m/m
1	180	9	16	30	40	6
2	200	11	18	35	45	7
3	220	13	20	40	50	8
4	240	15	22	45	55	9
5	250	17	24	50	60	10

表 2-3　岩梁物理相关系数对动载强度影响计算方案

影响因素	k_m	η	ζ	δ	k_r/m
1	1	0.75	0.4	0.8	1
2	1.1	0.8	0.5	0.85	1.03

表 2-3(续)

影响因素	k_m	η	ζ	δ	k_r/m
3	1.2	0.85	0.6	0.9	1.06
4	1.3	0.9	0.7	0.95	1.09
5	1.4	0.95	0.76	1	1.12

表 2-4　岩梁力学属性对动载强度影响计算方案

影响因素	R_T/MPa	σ_p/MPa	$\varphi/(°)$	R_T'/MPa	E/GPa	$k_f/(GPa/m)$
1	12	24	40	16	2	1
2	13	27	44	18	4	2
3	14	30	48	20	6	3
4	15	33	52	22	8	4
5	16	36	56	24	10	5

（1）岩梁几何属性对动载强度影响规律：将表 2-2 中的计算方案代入动载强度计算模型，可得岩梁几何属性对动载强度的影响规律，见图 2-13。由图 2-13 可见，冲击型动载强度与工作面侧向长度、软弱岩层Ⅰ厚度成线性负相关关系，与工作面采高、坚硬顶板Ⅰ厚度、坚硬顶板Ⅱ厚度及软弱岩层Ⅱ厚度成线性正相关关系；断裂型动载强度与坚硬顶板Ⅰ厚度成线性正相关关系，与坚硬顶板Ⅱ厚度成线性负相关关系，与工作面侧向长度、工作面采高和软弱岩层厚度无关。

① 随着工作面侧向长度的增加，上部岩梁Ⅱ和岩梁Ⅲ的长度之和增加，失稳后的下沉冲击空间减小，导致冲击型动载强度减小；上部悬臂梁Ⅰ的几何尺寸和运动态变化较小，储存的弹性变形能变化较小，断裂型动载强度变化较小。

② 随着软弱岩层Ⅰ的厚度增加，冲击源静载荷增加，冲击源下沉量减小，采空区底板的动荷系数减小，导致冲击型动载强度减小；上部悬臂梁Ⅰ的几何尺寸和运动状态变化较小，储存的弹性变形能变化较小，断裂型动载强度变化较小。

③ 随着工作面采高的增加，冲击源下沉量增加，导致冲击动载荷增加；上部悬臂梁Ⅰ储存的弹性变形能变化较小，断裂型动载强度变化较小。

④ 随着坚硬顶板Ⅰ的厚度增加，上部岩梁Ⅱ与岩梁Ⅲ的长度之和减小，冲击源下沉量增加，导致冲击型动载强度增加；上部悬臂梁Ⅰ的悬臂长度增加，下

位岩梁Ⅱ失稳所需极限采动应力增加,岩梁断裂前储存的弹性变形能增加,导致断裂型动载强度增加。

⑤ 随着坚硬顶板Ⅱ的厚度增加,冲击源静载荷增加,上部岩梁Ⅱ与岩梁Ⅲ的长度之和减小,冲击源下沉量增加,动荷系数增加,导致冲击型动载强度增加;上部悬臂梁Ⅰ储存的弹性变形能减小,导致断裂型动载强度减小。

⑥ 随着软弱岩层Ⅱ的厚度增加,冲击源静载荷增加,冲击源下沉量增加,动荷系数增加,导致冲击型动载强度增加;上部悬臂梁Ⅰ储存的弹性变形能变化较小,断裂型动载强度变化较小。

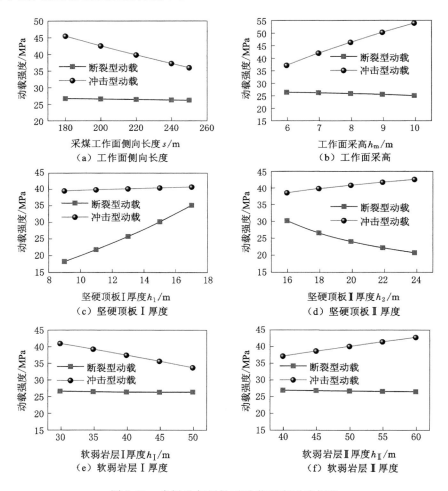

图 2-13 岩梁几何属性对动载强度影响规律

（2）岩梁物理相关系数对动载强度影响规律：将表 2-3 中的计算方案代入动载强度计算模型，可得岩梁物理相关系数对动载强度的影响规律，见图 2-14。由图 2-14 可见，冲击型动载强度与煤体碎胀系数、软弱岩层Ⅰ碎胀系数成线性负相关关系，与工作面采出率、上部岩梁Ⅰ悬臂长度比系数成线性正相关关系，与上部岩梁Ⅰ自由端挠度比系数无关；断裂型动载强度与上部岩梁Ⅰ悬臂长度比系数、上部岩梁Ⅰ自由端挠度比系数成线性正相关关系，与煤体碎胀系数、工作面采出率、软弱岩层碎胀系数无关。

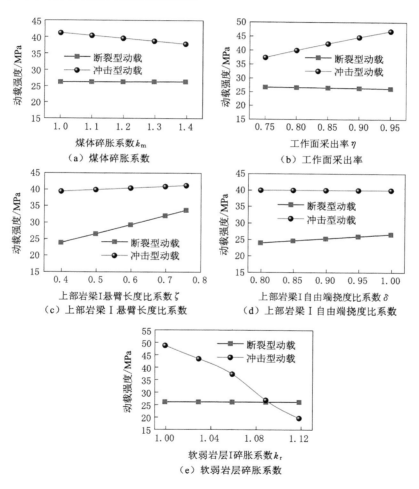

图 2-14 岩梁物理相关系数对动载强度影响规律

① 随着煤体碎胀系数的增加,冲击源下沉量减小,导致冲击型动载强度减小;上部悬臂梁Ⅰ储存的弹性变形能变化较小,断裂型动载强度变化较小。

② 随着软弱岩层碎胀系数的增加,冲击源下沉量减小,导致冲击型动载强度减小;上部悬臂梁Ⅰ的几何尺寸和运动态变化较小,储存的弹性变形能变化较小,断裂型动载强度变化较小。

③ 随着工作面采出率的增加,冲击源下沉量增加,导致冲击型动载强度增加;上部悬臂梁Ⅰ储存的弹性变形能变化较小,断裂型动载强度变化较小。

④ 随着上部悬臂梁Ⅰ悬臂长度比系数的增加,上部岩梁Ⅱ与岩梁Ⅲ长度之和减小,动荷系数增加,导致冲击型动载强度增加;上部悬臂梁Ⅰ储存的弹性变形能增加,断裂型动载强度增加。

⑤ 随着上部悬臂梁Ⅰ自由端挠度比系数的增加,上部岩梁Ⅱ和岩梁Ⅲ的几何尺寸和运动状态变化较小,冲击型动载强度变化较小;下位岩梁Ⅱ失稳所需采动支承应力增加,上部悬臂梁Ⅰ储存的弹性变形能增加,断裂型动载强度增加。

(3)岩梁力学属性对动载强度影响规律:将表 2-4 中的计算方案代入动载强度计算模型,可得岩梁力学属性对动载强度的影响规律,见图 2-15。由图 2-15可知,冲击型动载强度与坚硬顶板Ⅱ弹性模量及采空区底板围岩抗压刚度成正相关关系,与岩梁抗拉强度、挤压强度、岩梁间摩擦角不相关;断裂型动载强度与坚硬顶板Ⅰ岩梁间挤压强度、摩擦角及坚硬顶板Ⅱ抗拉强度成线性正相关关系,与坚硬顶板Ⅰ抗拉强度、坚硬顶板Ⅱ弹性模量及采空区底板围岩抗压刚度不相关。

① 随着坚硬顶板Ⅰ抗拉强度的增加,上部岩梁Ⅱ、岩梁Ⅲ以及悬臂梁Ⅰ的几何尺寸和运动状态变化较小,冲击型动载强度和断裂型动载强度变化均较小。

② 随着坚硬顶板Ⅰ岩梁间挤压强度的增加,上部岩梁Ⅱ和岩梁Ⅲ的几何尺寸和运动状态变化较小,冲击型动载强度变化较小;下位岩梁Ⅱ发生失稳所需的采动支承应力增加,上部悬臂梁Ⅰ储存的弹性变形能增加,断裂型动载强度增加。

③ 随着坚硬顶板Ⅰ岩梁间摩擦角的增加,上部岩梁Ⅱ和岩梁Ⅲ的几何尺寸和运动状态变化较小,冲击型动载强度变化较小;下位岩梁Ⅱ发生失稳所需的采动支承应力增加,上部悬臂梁Ⅰ储存的弹性变形能增加,断裂型动载强度增加。

④ 随着坚硬顶板Ⅱ抗拉强度的增加,上部岩梁Ⅱ和岩梁Ⅲ的几何尺寸和运动状态变化较小,冲击型动载强度变化较小;上部悬臂梁Ⅰ内储存弹性变形能

增加,断裂型动载强度增加。

⑤ 随着坚硬顶板Ⅱ弹性模量的增加,冲击源下沉空间增加,导致冲击型动载强度增加;上部悬臂梁Ⅰ储存的弹性变形能变化较小,断裂型动载强度变化较小。

⑥ 随着采空区底板围岩抗压刚度增加,引起动荷系数增加,导致冲击型动载强度增加;上部悬臂梁Ⅰ储存的弹性变形能变化较小,断裂型动载强度变化较小。

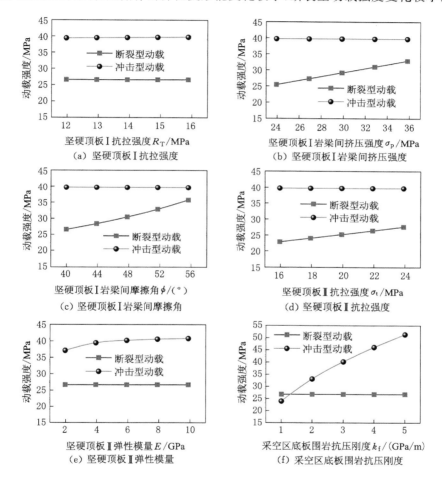

图 2-15 岩梁力学属性对动载强度影响规律

2.4.2 典型案例物理模拟分析

实验室物理模拟实验具有条件可控、现象直观、可重复实验、周期较短、平台自建的特点,其成功的关键在于物理模型与现场原型相似条件的满足程度,其本质是用与现场原型力学性质相似的材料,按照一定的几何比例构建具有相似应力及应变状态的物理模型,模拟现场的工程活动(采场开挖、巷道掘进),监测一定时期内的矿山压力及其显现。目前物理相似模拟实验被广泛应用于采场顶板结构特征预测、岩层变形及移动规律揭示、支承压力分布及其对附近巷道的影响、煤层群开采矿山压力显现、保水及充填开采以及不同工程背景下的巷道围岩力学响应特征研究等。物理模拟实验平台可分为二维平面应力模拟实验平台、二维平面应变模拟实验平台和三维立体模拟实验平台[170]。加载条件可分为静载荷边界加载、动载荷边界加载和动静叠加边界加载[147]。本节以阳煤一矿81303工作面为原型,建立物理模型,研究采动侧向坚硬顶板结构及其失稳破断动载特征。以侧向坚硬顶板空间结构为校验标准,建立典型条件下的相似实验模型,揭示采动侧向坚硬顶板的结构特征、运动特征和破断动载特征。

（1）实验目的

① 揭示工作面开挖后侧向坚硬顶板破断后的结构特征;

② 揭示采动应力作用下侧向坚硬顶板结构失稳破断及动载特征;

③ 揭示侧向坚硬顶板结构活化动载对邻空巷道稳定性影响规律。

（2）相似条件

基于实验室模拟条件,可确定相似模拟实验中物理模型与现场原型的相似比。巷道几何尺寸远小于工作面侧向长度,相似比不宜过大,为满足工作面充分采动,模拟工作面长度为120 m,煤柱尺寸为20 m,巷道宽度为5 m,原型两边分别预留30 m和25 m的余量,用于消除边界效应,计算可得原型水平方向总长度为200 m。坚硬顶板Ⅱ上方软弱岩层厚度为50 m,坚硬顶板Ⅱ厚度为18 m,坚硬顶板Ⅰ上方软弱岩层厚度为33 m,坚硬顶板Ⅰ的厚度为13.5 m,煤层厚度为6.5 m,原型下方预留15 m的余量,上方预留21 m的余量(含坚硬顶板),计算可得原型铅垂方向总高度为152 m。本次实验选用的模拟平台尺寸为2.5 m×0.3 m×1.9 m(长×宽×高),水平方向上几何相似可计算相似比 C_L 为80。反算物理模型高度为1.9 m,满足实验平台的要求。因此确定此次物理相似模拟实验的几何相似比为80。现场煤系地层的平均容重为23 kN/m³,相似材料选择沙子为骨料,容重为15 kN/m³,可计算出容重相似比 C_γ 为1.53。结合相似理论,获得此次物理相似模拟实验的基本相似条件见表2-5。其中无量纲物理量涉及应变、内摩擦角、摩擦因数和泊松比等。

表 2-5 物理相似模型基本相似条件

相似项目	几何 (C_L)	容重 (C_γ)	时间 (C_t)	应力 (C_σ)	强度 (C_R)	外力 (C_p)	能量 (C_E)	无量纲物理量
相似比	80	1.53	8.94	122.4	122.4	7.83×10^5	6.27×10^7	1

（3）相似材料

考虑取材方便、经济成本、实验效果等，选择河沙为骨料，碳酸钙和石膏为胶结料，水为胶结剂，云母粉为层间弱面。依据现场原型各煤岩层单轴抗压强度及强度相似比，选择合理的材料配比。依据模型架的尺寸、模拟岩层的层厚、相似材料的密度可计算出模型中煤岩层的质量，再根据材料配比，可计算出模型中煤岩层中的材料用量，结果见表 2-6。模拟实验所需沙子 1 733.91 kg，碳酸钙 169.08 kg，石膏 234.47 kg，云母 25 kg。

表 2-6 物理相似模拟模型材料

序号	岩性	厚度 /cm	强度 /kPa	配比号	总量 /kg	河沙 /kg	碳酸钙 /kg	石膏 /kg	水 /L
8	软弱岩层组Ⅲ	7.50	144.06	555	84.38	70.31	7.03	7.03	9.38
7	中砂岩	18.75	286.30	337	210.94	158.20	15.82	36.91	23.44
6	软弱岩层组Ⅱ	62.50	144.06	555	703.13	585.94	58.59	58.59	78.13
5	细砂岩	22.50	304.81	337	253.13	189.84	18.98	44.30	36.16
4	软弱岩层组Ⅰ	41.25	144.06	555	464.06	386.72	38.67	38.67	51.56
3	石灰岩	16.88	293.42	337	189.84	142.38	14.24	33.22	27.12
2	15# 煤	8.13	101.41	755	91.41	79.98	5.71	5.71	10.16
1	泥岩	12.50	121.35	655	140.63	120.54	10.04	10.04	15.63

（4）模拟方案

① 实验仪器：物理模型架 1 个、电动搅拌桶 1 个、电子秤 1 个、铁铲若干、盆具若干、水桶 1 个、扳手若干、3 L 烧杯 1 个、500 mL 量筒 1 个、油漆颜料若干、废柴油若干、刷子 1 个、捣实锤具 1 个、钢卷尺 1 把、细线 1 卷、专用工作服若干套、洗手液 1 瓶、监测仪器若干、黄油若干等。

② 模型建立：模型总体大小为 2.5 m×0.3 m×1.9 m（长×宽×高），配比见表 2-6。模型铺设前，应在模型架上标注每层岩层的位置，作为岩层捣实程度

的标尺,按照材料配比,在搅拌桶中搅拌均匀,依次铺设第 1 组至第 8 组,层与层之间用云母粉隔离,并捣实。对于厚度超过 2 cm 的软弱岩层组进行分层铺设,每 2 cm 作为一个子分层,子分层之间用少量云母粉隔离。在模型铺设过程中,应该按照提前设计好的监测方案,在指定的位置安放监测仪器仪表。模型建好后,给煤层和坚硬顶板表面刷上不同颜色的涂料,以便后期观测,同时需要做好摄像参照点,参照点的间距为 10 cm。待模型在室温下放置 1 个月后(可依据模型的干燥程度适当调整)进行后期工程开挖模拟。

③ 边界条件:模型对应的原型覆岩厚度为 447 m,等效载荷为 10.28 MPa,根据应力相似比,可计算加载到模型上方的载荷应为 55.99 kPa。本次模拟采用加压气缸的方式等效代替覆岩载荷,模型左右边界上水平位移固定(受模型架约束),底边界垂直位移固定,前后边界属于自由边界。考虑模型为平面应力模型,且其大小受限,无法实现工作面采动超前支承应力的模拟,用局部加压气缸的方式加载采动支承应力作用位置的模型上边界,缓慢提高气缸的压力。

④ 工程开挖:开挖共分为三大步。第一步,开挖工作面,速度控制在 0.33 cm/min,待覆岩结构稳定后,观测工作面采动后的侧向坚硬顶板破断结构特征。第二步,在设计好的位置开挖巷道,巷道断面为矩形,尺寸为 6.25 cm×5.00 cm(宽×高)。第三步,缓慢提高模型两端局部加压气缸的压力,直至坚硬顶板Ⅰ及坚硬顶板Ⅱ结构失稳,记录压力的变化规律。

(5)数据监测

① 监测内容:结合本次模拟实验的目的,确定监测内容涉及采空区侧向坚硬顶板破断结构特征,通过拍照记录,每开挖一次,拍照记录一次;侧向坚硬顶板结构运动特征,通过摄影测量系统监测记录位移参考点的位置变化;坚硬顶板结构活化动载特征,通过声发射监测系统监测顶板活化产生的能量波动特征;等效支承应力大小,通过气压缸压力变化进行加载;巷道围岩应力,通过预置压力盒来监测;位移,通过位移测点的相对位置来反算;变形破坏特征,通过摄像系统进行图片采集。

② 监测仪器:美国 UEILOGGER 动态数据采集系统、TS3866 测量系统、美国物理声学公司(PAC)生产的 AEwin 声发射监测系统、JI-BA 型可控加压系统、卷尺、细线、电脑等。现场模型及三大监测系统的布置方案如图 2-16 所示。

③ 观测方案布置:如图 2-17 所示,在模型中共布置 6 个 BW 型箔式微型土压力盒、8 个 AEwin 声发射探头、144 个位移监测点。

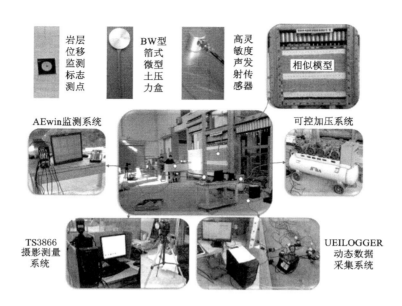

图 2-16 相似模型及监测系统布置图

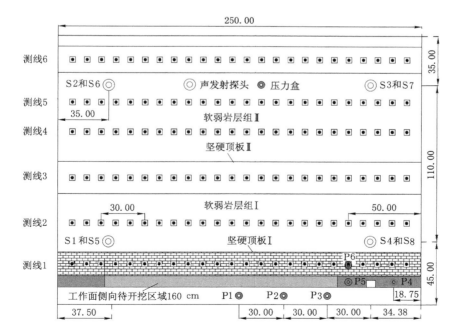

图 2-17 采动侧向顶板结构活化动载特征相似模拟监测方案

（6）侧向坚硬顶板运动及结构特征

① 采动侧向岩层运动的时空特征：随工作面的采动，越靠近开采煤层，覆岩下沉量越大，下沉开始时间越早，整体呈先缓慢增加、后急速增加、最后趋于稳定的变化规律，分别对应厚层坚硬直接顶板的弯曲下沉、断裂垮落及稳定压实阶段。厚层坚硬直接顶板运动状态决定了采动覆岩运动规律，如图 2-18 和图 2-19 所示。

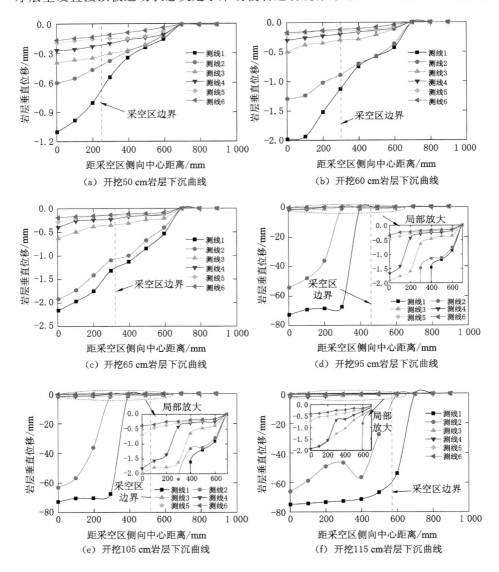

图 2-18　采动侧向岩层运动空间特征

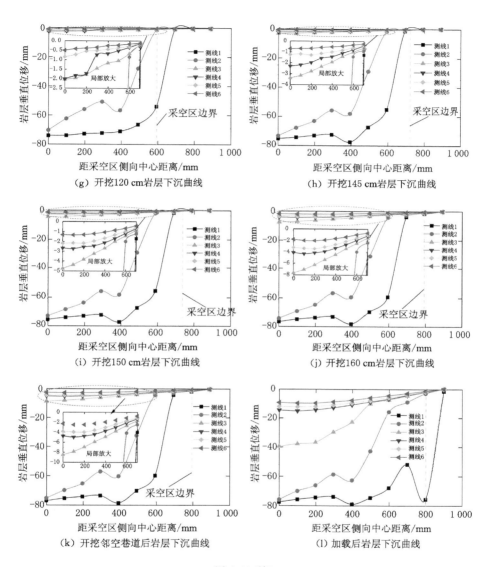

（g）开挖120 cm岩层下沉曲线　　（h）开挖145 cm岩层下沉曲线

（i）开挖150 cm岩层下沉曲线　　（j）开挖160 cm岩层下沉曲线

（k）开挖邻空巷道后岩层下沉曲线　　（l）加载后岩层下沉曲线

图 2-18（续）

图 2-18 展示了岩层下沉量随距采空区侧向中心距离的变化规律，图 2-19 展示了采空区中间位置上方各测线对应测点随工作面采动的下沉曲线。

据图 2-18 可知，随着距采空区侧向中心距离的增加，岩层下沉量呈减小趋势，减小幅度呈增加趋势，可分为缓慢减小区、快速减小区和趋于稳定区；工作面推进距离的增加可显著加强岩层各区间内的累计下沉量和下沉速度，且覆岩

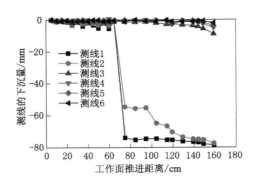

图 2-19　采动侧向岩层运动时间特征

下沉滞后于工作面一定距离。当工作面推进距离小于 65 cm 时,岩层下沉量较小,处于缓慢弯曲下沉阶段,随着距离采空区侧向中心距离的增加,岩层下沉量逐渐减小,采空区侧向中心距离为 875 mm 时减小为 0 mm;随着距煤层垂距的增加,岩层下沉量逐渐减小。当工作面推进距离达到 95 cm 时,靠近开采煤层的坚硬顶板Ⅰ及软弱岩层组Ⅰ下沉量显著增加,采空区中间一定区域下沉曲线呈近似水平状态;上部岩层下沉量呈增加趋势,增幅极小;岩层下沉具有一定的滞后性,原因在于厚层坚硬直接顶板在工作面附近呈悬臂梁结构,悬臂梁对覆岩有一定的支撑作用。随着工作面的继续推进,坚硬顶板Ⅰ及软弱岩层组Ⅰ最大下沉量基本没有变化,采空区中部被压实,下沉峰值影响范围逐渐增加。邻空巷道开挖不影响上覆岩层移动。在工作面采动超前支承应力作用下,已稳定坚硬顶板Ⅰ最大下沉量基本不变,靠近采空区边缘处的坚硬顶板Ⅰ悬臂梁结构下沉量显著增加,覆岩结构平衡被打破,上部软弱岩层下沉量也显著增加。坚硬顶板Ⅱ、软弱岩层组Ⅱ以及更上部坚硬顶板岩层下沉量均显著增加。

　　据图 2-19 可知,当工作面推进距离小于 65 cm 时,悬空厚层坚硬直接顶板处于缓慢弯曲下沉的运动状态,累计下沉量随工作面推进呈缓慢增加趋势,越靠近开采煤层的岩层,覆岩下沉量越大。当工作面推进距离达到 65 cm 时,悬空厚层坚硬直接顶板处于断裂、速沉、垮落的运动状态,累计下沉量急速增加,其上方软弱岩层Ⅰ下沉量亦呈现急速增加的变化规律,但增幅小于厚层坚硬直接顶板下沉量,原因在于软弱岩层测线所在层位与厚层坚硬直接顶板之间存在较厚的软弱岩层,垮落存在一定的碎胀效应。当工作面推进距离大于 65 cm 时,厚层坚硬直接顶板处于稳定被压实的运动状态,累计下沉量缓慢增加后趋于稳定,其上方软弱岩层组Ⅰ呈现快速下沉趋于稳定的变化规律,此过程伴随着软弱岩层被压实的过程。当工作面推进距离大于 140 cm 时,上部坚硬顶板 Ⅱ 由缓慢弯曲下沉进入断裂、速沉、无垮落的运动状态,软弱岩层组 Ⅱ 呈现类似的变化规律,累计下沉量由缓慢增加状态过渡到急速增加阶段。

② 采动侧向坚硬顶板结构特征:工作面从 5 cm 推进至 160 cm 的过程中(见图 2-20),坚硬顶板 Ⅰ 出现两端固支梁结构、两端简支梁结构、悬臂梁结构和砌体铰接结构,坚硬顶板 Ⅱ 出现两端固支梁结构、两端简支梁结构和砌体铰接结构。工作面从 5 cm 推进至 40 cm 时,坚硬顶板 Ⅰ 及上覆岩层没有明显的变化,矿压显现不明显,此时悬顶距离达到 40 cm。当工作面推进至 45 cm 时,工作面侧向悬顶中部出现不明显的掉渣现象。当工作面推进至 50 cm 时,侧向悬顶中部出现竖向裂缝,且掉渣现象比较明显。随着工作面的继续推进,竖向裂缝继续扩展,掉渣现象逐渐减缓。当工作面推进至 60 cm 时,悬空坚硬顶板 Ⅰ 出现水平裂缝,同时竖向裂缝与水平裂缝逐渐贯通,直至分层第一次垮落。当工作面推进至 65 cm 时,未垮落坚硬顶板 Ⅰ 竖向裂缝继续扩展,同时悬空顶板两侧端部出现倾斜向上的裂缝,悬空顶板中上部出现新的水平裂缝,裂缝逐渐扩展,伴随着破裂、掉渣现象,裂缝贯通,悬空坚硬顶板 Ⅰ 中部逐渐下沉,直至分层第二次垮落;未垮落的坚硬顶板 Ⅰ 悬空部分较薄,与第二分层类似,逐渐演化,并与软弱岩层 Ⅰ 出现少量离层,最终垮落。软弱岩层 Ⅰ 由厚度较薄的分层组成,分层不足以支撑软弱岩层重量,伴随着裂缝扩展、分层弯曲下沉、分层离层,软弱岩层 Ⅰ 出现分层和多层同步垮落现象,悬顶距离随着分层的垮落逐渐减小,当分层可以支撑上方软弱岩层重量时,分层停止垮落,形成较大的离层空间。

随着工作面的继续推进,未垮落坚硬顶板 Ⅰ 逐渐形成悬臂梁结构,当工作面推进至 105 cm 时,工作面右侧的悬臂梁长度达到 25 cm,悬臂梁断裂,裂缝扩展到软弱岩层组 Ⅰ,引起软弱岩层组 Ⅰ 垮落区向上发展,逐渐扩展到坚硬顶板 Ⅱ,至此,软弱岩层组 Ⅰ 出现第一次完全垮落,坚硬顶板 Ⅱ 出现悬空,悬空距离较小。当工作面推进至 115 cm 时,工作面左侧悬臂梁断裂,裂缝向上方软弱岩层组 Ⅰ 扩展,逐渐贯通,软弱岩层随断裂后的悬臂梁回转下沉,断裂岩块一侧逐渐触及采空区底板,然后稳定,形成侧向支撑结构。当工作面推进至 120 cm 时,工作面右侧已断裂悬臂梁及其上方软弱岩层发生切落,完全压实采空区,随着软弱岩层组 Ⅰ 与上方坚硬顶板 Ⅱ 的离层空间的增加,坚硬顶板 Ⅱ 的悬空面积逐渐增大,悬空后的坚硬顶板 Ⅱ 下位出现竖向裂缝。随着工作面的继续推进,坚硬顶板 Ⅱ 内的竖向裂缝逐渐扩展,工作面两侧坚硬顶板 Ⅰ 逐渐形成悬臂梁结

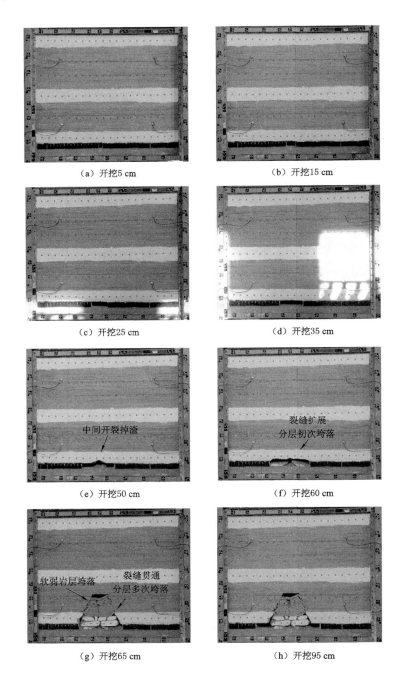

（a）开挖5 cm

（b）开挖15 cm

（c）开挖25 cm

（d）开挖35 cm

（e）开挖50 cm

（f）开挖60 cm

（g）开挖65 cm

（h）开挖95 cm

图 2-20　采动侧向坚硬顶板结构形成机理

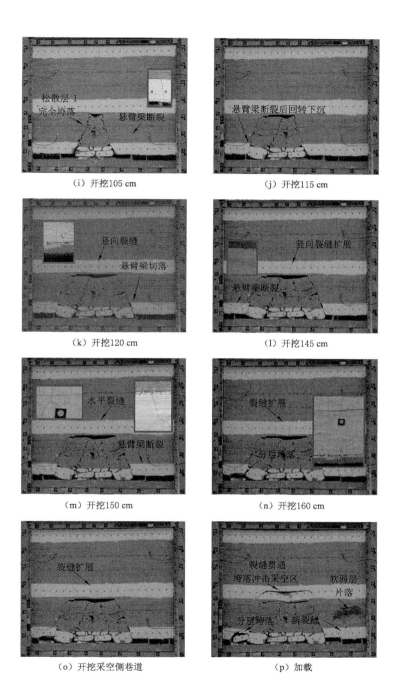

（i）开挖105 cm

（j）开挖115 cm

（k）开挖120 cm

（l）开挖145 cm

（m）开挖150 cm

（n）开挖160 cm

（o）开挖采空侧巷道

（p）加载

图 2-20（续）

构,当工作面推进至 145 cm 时,左侧悬臂梁结构发生断裂。当工作面推进至 150 cm 时,工作面右侧悬臂梁结构发生断裂,同时,悬空后的坚硬顶板Ⅱ中上部出现水平裂缝。随着工作面的继续推进,左侧断裂后的悬臂梁出现分层垮落现象,坚硬顶板Ⅱ的竖向及水平方向裂缝进一步扩展,逐渐贯通,形成侧向铰接结构。至此,工作面开挖后采空区上方侧向坚硬顶板结构形成:坚硬顶板Ⅰ断裂后,在采空区中部完全压实,靠近采空区边缘煤体形成悬臂梁结构和倾斜承载块体结构;坚硬顶板Ⅱ断裂后形成侧向铰接砌体结构。

邻空巷道断面模拟尺寸为 10 cm×8 cm,中间隔离煤柱为 20 cm。巷道开挖过程中,出现少量的裂缝扩展,已经形成的采空区侧向坚硬顶板结构没有明显变化。

采动支承应力通过均布加载的方式来模拟,随着支承应力的增加,工作面左侧悬臂梁出现第二次分层垮落,右侧悬臂梁裂缝张开度逐渐增加,煤柱上方坚硬顶板Ⅰ出现二次断裂,坚硬顶板Ⅱ裂缝继续扩大、贯通,顶板垮落冲击软弱岩层组Ⅰ,软弱岩层组Ⅰ部分区域出现片落现象。

(7) 侧向坚硬顶板结构活化静载特征

随工作面开采的进行,采空区面积逐渐增加,采空区上覆岩层重量逐渐向未开采区域煤岩体内转移,周围煤岩体内的采动支承应力处于动态变化状态,随工作面采动呈增加状态,增幅与距采空区边缘距离有关。

采动围岩支承应力演化规律如图 2-21 所示。压力盒的监测频率被设置为 1 Hz,均监测相对值。随着工作面的采动,测点 P1、P2、P3 依次由煤体底板进入采空区底板,采动支承应力呈先缓慢增加、后急速减小、最后趋于稳定的变化规律。增加区情况为:随着工作面的推进,采空区悬顶面积逐渐增加,上方岩层的重量全部由未开采区煤体及底板岩层支撑,即未开采区煤体及底板岩层的支承应力逐渐增加。急速减小区情况为:当煤层底板围岩上方煤体采空后,该处围岩进入采空区下方,失去了煤体对采动支承应力的传播作用,支承应力向更远处未开采煤体上方转移,此处的底板围岩支承应力迅速减小。趋于稳定区情况为:当采空区上方顶板活动结束后,垮落岩层逐渐趋于稳定,采空区逐渐被压实,支承应力趋向于一个稳定值,负值表明采空区上方岩体没有完全压实采空区,部分重量靠采空区两侧煤岩体承担,支承应力略小于原岩应力。测点 P1、P2、P3 均位于采空区底板岩层中,巷道开挖及邻近下区段工作面采动支承应力对其影响较小。

测点 P4、P5 位于采空区一侧煤体内,测点 P6 位于煤体上方坚硬顶板Ⅰ内。

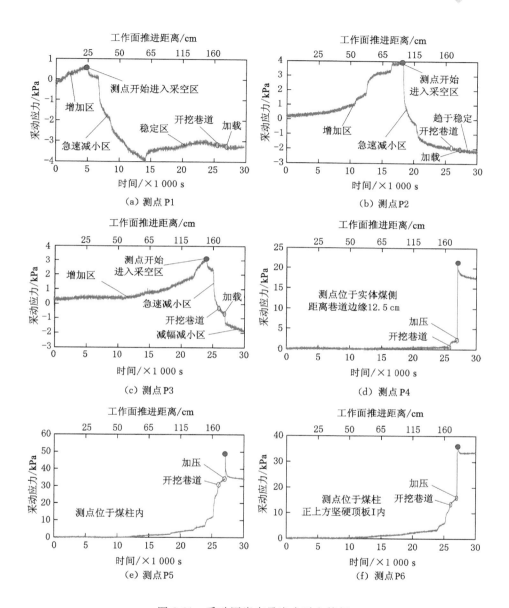

图 2-21 采动围岩支承应力时空特征

邻空巷道位于测点 P4 和测点 P5 之间。这三个测点区域内的围岩采动支承应力均呈现先缓慢增加、再快速增加、又急速增加、再急速减小最后趋于稳定的变化规律。采动支承应力缓慢增加是由工作面开挖导致采空区面积增加,采空区覆岩重量逐渐向两侧未开挖煤岩体转移引起;采动支承应力快速增加是因为采空区靠近监测点,测点处的围岩处于弹性变形阶段,支承应力显著增加,同时巷道开挖使部分支承应力向两侧未开挖区域转移;采动支承应力急速增加是下区段工作面采动超前支承应力的作用;采动支承应力急速下降是下区段工作面滞后侧向支承应力的作用;采动支承应力趋于稳定是下区段工作面滞后侧向支承应力稳定后的作用结果。

采空区一侧处于弹性变形阶段的煤岩体内,距离采空区越近,其采动支承应力增加越快。由于测点 P4 位于距采空区较远处的实体煤内,其记录的采动支承应力快速增加阶段增幅较小,但受下区段工作面采动支承应力影响显著;测点 P5 位于距采空区较近的煤柱内,其记录的采动支承应力快速增加阶段增幅较大,显著大于远离采空区处的采动支承应力增加值;P6 测点位于煤柱上方坚硬顶板 I 内,其记录的采动支承应力快速增加阶段,增幅较大,但明显小于 P5 测点处围岩采动支承应力增加值。

(8) 侧向坚硬顶板结构活化动载特征

工作面采动引起采空区上方坚硬顶板发生弯曲下沉、断裂活动、垮落失稳的过程中伴随着显著的声发射现象(图 2-22~图 2-24)。声发射探头监测频率被设定为 5×10^8 Hz,声发射响应阈值被设定为 30 dB。以测点处的声发射振铃计数、声发射能量和声发射振幅为指标,分析采动坚硬顶板活化过程中的动载特征。其中,振铃计数代表测点处达到声发射响应阈值的振动次数,能量是指单组振动开始到结束时的累积能量大小,振幅代表声发射振动强度。

工作面采动过程中声发射振铃计数与坚硬顶板活化矿山压力显现存在明显的对应关系,见图 2-22。当工作面推进距离小于 50 cm 时,测点 P1、P2、P3 及 P4 处的声发射振铃计数均接近于 0,变化较小。当工作面推进距离达到 60~65 cm 时,振铃计数存在突变,且存在间隔性多组振铃计数,最大振铃计数达到 1 200 次(测点 P1~P4),此时对应靠近开采煤层的厚层坚硬直接顶板的初次断裂、分层初次垮落、分层多次垮落、完全垮落等矿山压力显现。当工作面推进至 105 cm 时,测点 P3 及 P4 处振铃计数出现突变,存在间隔性多组振铃计数,最大振铃计数达到 510 次,此时,工作面右侧的悬臂梁发生断裂,靠近开采煤层的坚硬顶板承载的软弱岩层完全垮落。当工作面推进至 115 cm 时,测点 P1 及 P2 处振铃计数出现突变,呈现间隔性多组振铃计数,最大振铃计数达到 2 600 次,此时,工作面左侧悬臂梁断裂,并回转下沉。当工作面推进至 120 cm 时,测点 P1 和 P4 处振铃计数出现突变,呈现间隔性多组振铃计数,最大振铃计数达到

2 900次,此时,工作面右端悬臂梁发生切落现象,更上层坚硬顶板中央出现竖向裂缝。当工作面推进至 145～160 cm 时,测点 P1～P4 处均出现不同程度的振铃计数,呈现间隔性分组特征,最大振铃计数为 1 300 左右,此时,工作面两侧的悬臂梁出现断裂,且随工作面的推进,左侧悬臂梁出现分层垮落现象。当模拟下区段工作面采动超前支承应力时,测点 P1～P4 处振铃计数均出现较大突变,呈间隔性分组特征,最大振铃计数达 4 100 次,此时,更上层坚硬顶板悬空中部竖向裂缝逐渐扩展,发生初次断裂和垮落现象,垮落后冲击采空区岩层,同时二维模型前后无约束,软弱岩层部分片落,煤柱上方坚硬顶板断裂。

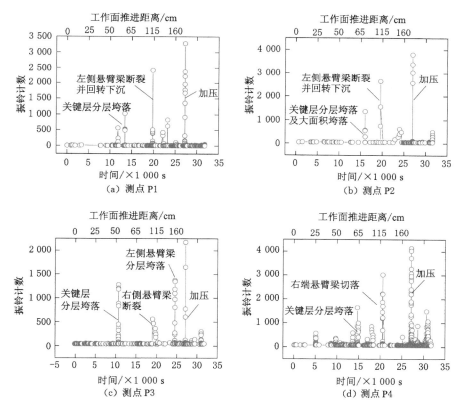

图 2-22　采动围岩声发射振铃计数特征

与振铃计数相似,工作面采动过程中测点 P1～P4 处的能量变化与采动坚硬顶板活化存在明显的对应关系,即坚硬顶板出现断裂、垮落、裂缝扩展以及软弱岩层片落的过程,测点处的能量均会出现突变和间隔性分组特征,监测最大能量在模拟下区段工作面超前采动支承应力作用下更上层坚硬顶板断裂和垮落冲击采空区的能量大小,达到 65 000 J,见图 2-23。

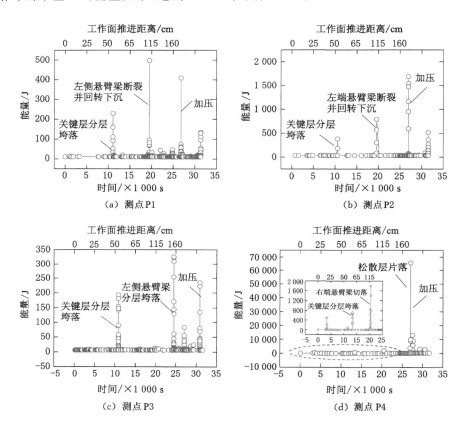

图 2-23　采动围岩声发射能量特征

与振铃计数和能量相比,工作面采动过程中测点 P1～P4 处的声发射振幅呈增加趋势,超过 30 dB 的信号呈增加趋势,见图 2-24。工作面开挖初期,坚硬顶板悬空面积较小,活动不明显,测点处的声发射强度超过 30 dB 的信号较少,强度较小;随着工作面推进距离的增加,坚硬顶板出现初次断裂、周期断裂、初次垮落和周期垮落现象,声发射强度超过 30 dB 的信号呈增加趋势,强度呈增加趋势;模拟下区段工作面采动超前支承应力作用下坚硬顶板活化产生的声发射振幅最大,最大值可达 100 dB。

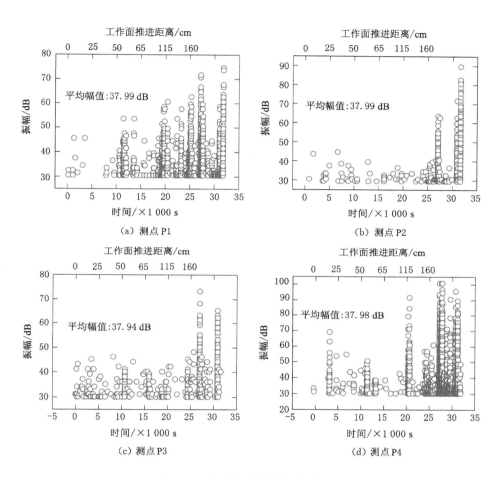

图 2-24　采动围岩声发射振幅特征

2.5　本章小结

　　本章采用理论分析、力学解析和物理模拟的方法,建立了典型条件下采动侧向坚硬顶板结构力学模型,分析了采动侧向坚硬顶板结构特征,提出了采动近距离侧向坚硬顶板结构形成及失稳破断的判定准则,揭示了采动侧向坚硬顶板结构活化动载形成机理,开发了采动侧向坚硬顶板结构活化动载强度解析方法;基于力学解析结果,建立了典型条件下的物理相似模拟实验,验证分析了采动侧向坚硬顶板活化后的结构特征、运动特征和动载特征。

（1）采动侧向坚硬顶板结构特征。靠近开采厚煤层的厚层坚硬顶板沿侧向方向经历两端固支梁结构、两端简支梁结构、砌体铰接结构和悬臂梁结构,在采空区中部区域完全触及采空区冒落矸石,在侧向端部演化为砌体铰接结构,承载其上部岩层部分重量;远离开采煤层的厚层坚硬顶板经历两端固支梁结构、两端简支梁结构、砌体铰接结构和悬臂梁结构,沿采空区侧向形成砌体铰接结构,侧向砌体铰接结构在采空区中部与下位软弱岩层组及冒落矸石形成较大的离层空间,支撑上覆岩层重量,在侧向端部受下位软弱岩层组支撑,并承载上部岩层重量。

（2）采动侧向坚硬顶板运动特征。伴随结构的演化,厚层侧向坚硬顶板先后经历缓慢弯曲下沉运动、瞬时断裂运动、缓慢回转下沉运动、短时滑落运动和垮落运动。悬空跨距决定了坚硬顶板弯曲下沉运动的强度和周期,抗拉强度决定了坚硬顶板瞬时断裂运动的极限跨距,挤压强度与岩块间摩擦角决定了坚硬顶板缓慢回转下沉运动的时机,采动支承应力决定了坚硬顶板结构失稳后发生垮落运动的时机。解析揭示了采动支承应力作用下靠近开采厚煤层的厚层坚硬顶板端部砌体铰接结构形成及失稳判定准则（Ⅰ）、远离开采煤层的厚层坚硬顶板铰接砌体结构的形成及失稳判定准则（Ⅱ）以及悬臂梁结构破断的判定准则（Ⅲ）、侧向结构失稳的极限采动支承应力（Ⅳ）。

$$
\begin{cases}
\dfrac{h_1}{L_{\mathrm{II}}} \geqslant \dfrac{1 - 2\tan\theta\tan\varphi_{\mathrm{f}} - \tan\varphi_{\mathrm{b}}\tan\varphi_{\mathrm{f}}}{\tan\theta + \tan\theta\tan\varphi_{\mathrm{b}}\tan\varphi_{\mathrm{f}}} \text{（结构形成条件）} \\[2ex]
F_{\mathrm{p}} \geqslant \dfrac{\eta_{\mathrm{p}}\sigma_{\mathrm{c}}(h_1 - 2d_{\mathrm{s}})(L_{\mathrm{II}}\sin\theta + L_{\mathrm{II}}\cos\theta\tan\varphi_{\mathrm{b}})}{L_{\mathrm{II}}\cos\theta - h_1\sin\theta} - F_{\mathrm{g}} \text{（结构失稳条件）}
\end{cases}
$$

$$（\text{Ⅰ}）$$

$$
\begin{cases}
h_2 \leqslant \dfrac{L_{\mathrm{II}}{}'(L_{\mathrm{II}}{}' + L_{\mathrm{III}}{}')}{2L_{\mathrm{II}}{}' + L_{\mathrm{III}}{}'}\tan\varphi' \text{（结构形成条件 1）} \\[2ex]
h_2 \leqslant \dfrac{L_{\mathrm{II}}{}'(L_{\mathrm{II}}{}' + L_{\mathrm{III}}{}')}{L_{\mathrm{III}}{}'}\tan\varphi' \text{（结构形成条件 2）} \\[2ex]
h_2^2 - \dfrac{\gamma_2 L_{\mathrm{II}}{}'(L_{\mathrm{II}}{}' + L_{\mathrm{III}}{}')}{\eta_{\mathrm{p}}\sigma_{\mathrm{c}}'}h_2 - \dfrac{\displaystyle\sum_{i=1}^{n}\left[\gamma_i h_i L_{\mathrm{II}}{}'(L_{\mathrm{II}}{}' + L_{\mathrm{III}}{}')\right]}{\eta_{\mathrm{p}}\sigma_{\mathrm{c}}'} \geqslant 0 \text{（结构形成条件 3）} \\[2ex]
T' \leqslant \dfrac{1}{2}F_{\mathrm{g}}{}'\cot\varphi' \ \| \ T' \geqslant \eta_{\mathrm{p}}{}'\sigma_{\mathrm{c}}{}'a' \text{（结构失稳条件）}
\end{cases}
$$

$$（\text{Ⅱ}）$$

$$\begin{cases} \tau_{\max} = \dfrac{2F_{gI}{}' + 2F_a + F_g{}' - F_p}{2h_2} \leqslant [\tau] \\[3mm] \sigma_{\max} = \dfrac{3(F_{gI}{}' + F_a + F_g{}' - F_p)L_I{}'}{h_2^2} \leqslant [\sigma_t] \end{cases} \qquad (\text{III})$$

$$F_a{}' = \frac{F_p{}' - F_{gI}}{L_I{}'} - \frac{4F_g{}'}{3L_I{}'} - \frac{8\delta\omega_{\max}EI}{(L_I{}')^4} \qquad (\text{IV})$$

(3) 采动侧向坚硬顶板活化动载特征。采动侧向坚硬顶板瞬时断裂运动、短时垮落运动会产生动力载荷。采动支承应力作用使靠近开采煤层的坚硬顶板端部铰接砌体结构失稳,该结构及其负载软弱岩层滑落压实采空区,失去了对远离煤层的坚硬顶板端部悬臂梁的支撑作用,该悬臂梁弯曲下沉引起侧向铰接砌体结构间的水平挤压力减小,侧向铰接砌体结构瞬间失稳,冲击采空区,形成冲击型动载(V),悬臂梁断裂形成断裂型动载(VI)。冲击型动载强度与工作面侧向长度、靠近开采煤层的软弱岩层厚度、煤体碎胀系数、软弱岩层碎胀系数呈负相关关系,与工作面采高、坚硬顶板厚度、上部软弱岩层厚度、工作面采出率、上部悬臂长度比系数、上部坚硬顶板弹性模量及采空区底板围岩抗压刚度成正相关关系。断裂型动载强度与下位坚硬顶板厚度、上部悬臂长度比系数、上部悬臂梁自由端挠度比系数、下位坚硬顶板岩梁间挤压强度、摩擦角及上部坚硬顶板抗拉强度呈正相关关系,与上部坚硬顶板厚度呈线性负相关关系。

$$\sigma_{sc} = \gamma_2(h_2 + h_{II}) + \sqrt{\gamma_2{}^2(h_2 + h_{II})^2 + \frac{2d_s{}' k_f{}' \gamma_2(h_2 + h_{II})}{2L_{II}{}' + L_{III}{}'}} \qquad (\text{V})$$

$$\sigma_{sd} = \frac{9L_I{}'}{20h_2^2}(4F_{gI}{}' + 4F_a + 5F_g{}') \qquad (\text{VI})$$

(4) 厚层坚硬顶板运动状态决定了采动上方软弱岩层的运动规律。随工作面的采动,越靠近开采煤层,岩层下沉量越大,下沉开始时间越早,整体呈先缓慢增加、后急速增加、最后趋于稳定的变化规律;随着距采空区侧向中间距离的增加,岩层下沉量呈减小趋势,减小幅度呈增加趋势,可分为缓慢减小区、快速减小区和趋于稳定区;工作面推进距离的增加可显著加强岩层各区间内的累计下沉量和下沉速度,且覆岩下沉滞后于工作面一定距离。随工作面开采,采空区面积逐渐增加,采空区上覆岩层重量逐渐向未开采区域煤岩体内转移,周围煤岩体内的采动支承应力处于动态变化状态,随工作面采动呈增加状态,随距采空区边缘距离的变化,增幅呈现明显的分区特征。工作面采动侧向坚硬顶板活化过程中产生了强烈的声发射现象,振铃计数和能量均呈现突变间隔性分组特征,振幅呈增加趋势。

3 侧向硬顶活化型动载时空演化机理

采动侧向坚硬顶板断裂、结构失稳产生活化型动载,当动载作用于承压状态的煤系地层时,作用区域内的煤岩体振动离开平衡位置,与邻近煤岩体发生了相对运动,将受到邻近煤岩体给予的作用力,同时也给邻近煤岩体以反作用力,使邻近煤岩体也振动离开平衡位置,这种振动以应力波的形式向周围煤岩层传播[171]。受介质属性、层间结构面、入射角度和传播距离等因素的影响,应力波强度呈衰减趋势,掌握其在煤岩体内的时空演化规律,对地下固体矿产资源安全高效开采具有重要的指导意义。基于此,本书结合前人研究的成果,分析动载应力波的传播影响因素,建立物质坐标系下侧向坚硬顶板活化型动载的时空演化理论模型,研究应力波在不同承压煤岩体中的传播衰减规律,揭示邻空巷道动载显现强度与动载源强度间的定量关系,分析典型条件下采动侧向坚硬顶板活化型动载的时空特征,揭示采动侧向坚硬顶板活化型动载时空演化机理。

3.1 层间结构面内的活化型动载演化机制

3.1.1 活化型动载应力波传播影响因素

动载应力波传播时的振动能量及强度呈衰减状态,影响因素如下:① 岩体中的节理面。应力波的传播机制取决于载体介质的动态本构关系,天然岩体由大量宏观节理(层间结构面、天然裂隙等)、微观缺陷(孔隙、微裂纹等)和实体组成,并非完全连续介质。应力波穿越节理面时,会发生反射和透射,节理面属性对应力波穿越节理面时的反射和透射系数的影响规律是应力波传播的重要组成部分。② 岩体的波阻抗。应力波在连续介质中传播时,波阵面对介质质点做功,使质点振动获得能量,应力波的振幅和强度逐渐减小。连续介质对应力波的衰减特性形成应力波阻抗。③ 入射角度。应力波传播方向与岩层界面法向夹角发生变化时,应力波穿越岩层界面前后的反射系数、透射系数、应力波类型将发生改变,并存在临界入射角。④ 波源频率。当岩层界面的动态本构属性一定,应力波的入射频率发生变化时,穿越岩层界面前后的反射、透射系数将发生改变,相关研究[124-125]已证实:应力波穿越黏弹性节理面时,具有高频滤波效应,即节理面容易透射低频应力波,反射高频应力波。⑤ 介质属性。弹性介质、塑性介质和黏性介质等的本质力学行为存在差异,影响应力波的传播衰减规律,煤系地层多属于弹塑性介质。

3.1.2 动载应力波穿越层间结构面解析模型

基于单一波线倾斜入射岩层的分析结果,建立应力波束倾斜入射层状岩层的解析分析力学模型,并基于模型解析结果,研究并分析任意角度入射层状岩层后的应力波传播衰减规律。应力波穿越层间结构面时,根据结构面的法向刚度、切向刚度、入射角度、入射频率以及结构面两侧煤岩介质属性(密度、泊松比、弹性模量等)对同类型波及转换波透射系数的影响揭示了层间结构面对应力波传播的衰减作用,根据传播距离对应力波的传播影响规律揭示了均质煤岩体对应力波的衰减作用。由惠更斯原理可知,透射同类型波和转换波可以作为下位岩层的入射波源,波的矢量性特征可实现单独研究透射同类型波或者透射转换波的传播规律。基于层间结构面及均质煤岩体对应力波的衰减作用规律,可建立动载应力波以任意角度穿越多层岩层和多组层间结构面的传播衰减解析模型。

结合煤系地层赋存特征及研究问题的关键,对应力波在煤系地层中的传播理论模型做以下简化:① 忽略煤岩体的局部黏性特征,结合煤系地层的工程地质特征,考虑采动引起的传播路径上煤岩体的密度变化;② 将层间结构面看作无限大平面闭合节理,考虑岩层间的结构面对应力波的透射作用,忽略同一岩层内波的往返传播作用,将各岩层看作均质连续介质,忽略岩体中的裂隙、孔隙等;③ 仅考虑各岩层临界入射角以内的应力波传播情况;④ 以纵波(P波)为例,频率设定为采动所能引起的应力波振动频率;⑤ 考虑煤岩层的波阻抗对应力波传播的影响规律。

基于以上分析,建立应力波倾斜入射层状岩层的力学模型,如图 3-1 所示。P 为入射纵波,T_P 为透射纵波,T_S 为透射横波,R_P 为反射纵波,R_S 为反射横波;

ρ_1、C_{P1} 和 C_{S1} 分别为岩层 1 的介质密度、纵波波速和横波波速，ρ_2、C_{P2} 和 C_{S2} 分别为岩层 2 的介质密度、纵波波速和横波波速；β_{P1} 为入射角、反射同类波反射角，β_{S1} 为反射转换波反射角，β_{P2} 和 β_{S2} 分别为透射同类型波的折射角和透射转换波的折射角；Z_1 和 Z_2 分别为岩层 1 和岩层 2 内的介质波阻抗；k_{n1} 和 k_{s1} 分别为岩层 1 与岩层 2 间结构面的法向刚度和切向刚度；v_{IP} 为入射纵波振动速度，v_{RS} 为反射横波振动速度，v_{RP} 为反射纵波振动速度，v_{TP} 为透射纵波振动速度，v_{TS} 为透射横波振动速度。结构面上边界的参量定义为"一"，下边界参量定义为"十"。

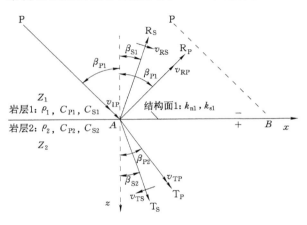

图 3-1　应力波倾斜入射层状岩层的力学模型

（1）采动岩体的密度：据质量守恒定律可知，岩体的密度会随采动支承应力的变化而变化，进而影响岩体内的波速及波阻抗。任意取应力波传播路径上的单元体，其几何尺寸为 $d_x \times d_y \times d_z$，单元体弹性模量为 E，泊松比为 μ，原岩应力状态下的体密度为 ρ_0，采动附加支承应力作用下的体密度为 ρ_c，采动附加支承应力 $\Delta\sigma$ 可由式（2-28）获得。结合质量守恒定律，由广义体积胡克定律可得，单元体采动支承应力作用前后的质量相等，见式（3-1），整理可得采动第 i 层岩层的体密度见式（3-2）。密度与应力波波速的关系，见式（3-3）[172]。

$$\rho_0 d_x d_y d_z = \rho_c \left[1 - \frac{1-2\mu}{E}\Delta\sigma \right] d_x d_y d_z \tag{3-1}$$

$$\begin{cases} \rho_i = \dfrac{E_i}{E_i - \Delta\sigma_i(1-2\mu_i)}\rho_{0i} \\ \Delta\sigma_i = \begin{cases} a_{1i}x + a_{2i} - \gamma_i H_i & x < x_{0i} \\ a_{3i}\mathrm{e}^{a_{4i}(x_{0i}-x)} + a_{5i} - \gamma_i H_i & x \geqslant x_{0i} \end{cases} \end{cases} \tag{3-2}$$

$$\begin{cases} C_{\mathrm{P}i} = \sqrt{\dfrac{E_i}{3\rho_i}\left(\dfrac{1}{1-2\mu_i}+\dfrac{2}{1+\mu_i}\right)} \\ C_{\mathrm{S}i} = \sqrt{\dfrac{E_i}{2\rho_i(1+\mu_i)}} \end{cases} \tag{3-3}$$

（2）传播角度：Snell 定律强调，应力波在不同介质分界面处会发生波型转换，应力波从波速较慢的介质传播到波速较快的介质时，会发生全反射现象，无法透射应力波[173]。当折射角 β_{P2} 或 β_{S2} 为 90°时，可以反算出临界入射角 β_{C}，见式（3-4），被称为第一临界入射角，本书考虑的范围限于第一临界入射角以内。同时，式（3-4）给出了应力波穿越岩层结构面时透射纵波折射角、透射横波折射角、反射横波反射角及反射纵波反射角的关系。

$$\begin{cases} \beta_{\mathrm{S1}} = \arcsin\left(\dfrac{C_{\mathrm{S1}}}{C_{\mathrm{P1}}}\sin\beta_{P1}\right) \\ \beta_{\mathrm{P2}} = \arcsin\left(\dfrac{C_{\mathrm{P2}}}{C_{\mathrm{P1}}}\sin\beta_{P1}\right) \\ \beta_{\mathrm{S2}} = \arcsin\left(\dfrac{C_{\mathrm{S2}}}{C_{\mathrm{P1}}}\sin\beta_{P1}\right) \\ \beta_{\mathrm{C}} = \min\begin{cases} \arcsin\left(\dfrac{C_{\mathrm{P1}}}{C_{\mathrm{P2}}}\right) \\ \arcsin\left(\dfrac{C_{\mathrm{P1}}}{C_{\mathrm{S2}}}\right) \end{cases} \end{cases} \tag{3-4}$$

（3）结构面力学边界：层间结构面连接相邻两层岩石，一般具有抵抗法向变形、切向位移的能力，对应的力学参数为法向刚度 k_{n} 及切向刚度 k_{s}。国内外学者提出了多类结构面本构关系，如线弹性模型、Goodman 双曲线模型、双曲线模型、幂函数模型、指数函数模型、动态双曲线模型、动态压缩变形模型以及三参数本构模型等[174]。考虑结构面本构关系对应力波传播方程求解的复杂度以及结构面本身的动载变形特征，以"线弹性模型"描述煤系地层中层间结构面的力学行为。其他本构关系，可以依据等效刚度法来求解结构面对应力波的衰减规律。依据结构面的"位移不连续法"，获得结构面两侧的应力方程和位移方程，见式（3-5）和式（3-6）。式（3-6）对时间 t 求导可得结构面两侧速度方程，见式（3-7）。

$$\begin{cases} \sigma_{\mathrm{s}} = \sigma^- = \sigma^+ \\ \tau_{\mathrm{s}} = \tau^- = \tau^+ \end{cases} \tag{3-5}$$

$$\begin{cases} u_n{}^- - u_n{}^+ = \dfrac{\sigma_s}{k_n} \\[2mm] u_\tau{}^- - u_\tau{}^+ = \dfrac{\tau_s}{k_s} \end{cases} \tag{3-6}$$

$$\begin{cases} v_n{}^- - v_n{}^+ = \dfrac{1}{k_n}\dfrac{\partial \sigma_s}{\partial t} = \dfrac{1}{k_n}\dfrac{\Delta \sigma_s}{\Delta t} \\[2mm] v_\tau{}^- - v_\tau{}^+ = \dfrac{1}{k_s}\dfrac{\partial \tau_s}{\partial t} = \dfrac{1}{k_s}\dfrac{\Delta \tau_s}{\Delta t} \end{cases} \tag{3-7}$$

式中,σ 和 τ 分别为层间结构面上的法向应力和切向应力;σ^- 和 σ^+ 为层间结构面上、下边界法向应力;τ^- 和 τ^+ 分别为层间结构面上、下边界切向应力;$u_n{}^-$ 和 $u_n{}^+$ 分别为层间结构面上、下边界的法向位移;u_τ^- 和 $u_\tau{}^+$ 分别为层间结构面上、下边界的切向位移;v_τ^- 和 v_τ^- 分别为层间结构面上、下边界质点的切向振动速度;$v_n{}^-$ 和 $v_n{}^+$ 分别为层间结构面上、下边界质点的法向振动速度。

（4）结构面力学解析:选取入射分界面的微小单元为研究对象,分为结构面上边界及结构面下边界。上边界微小单元分为三类:① 由结构面、入射波阵面、入射波线组成的入射三角微单元;② 由结构面、反射 P 波波阵面、反射 P 波波线组成的反射 P 波三角微单元;由结构面、反射 S 波波阵面、反射 S 波波线组成的反射 S 波三角微单元。下边界微小单元分为两类:① 由结构面、透射 P 波波阵面、透射 P 波波线组成的透射 P 波三角微单元;② 由结构面、透射 S 波波阵面、透射 S 波波线组成的透射 S 波三角微单元,如图 3-2 所示。

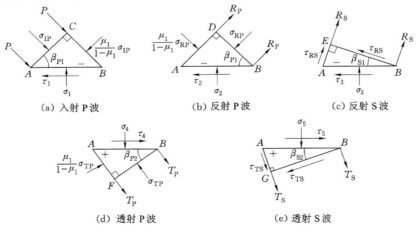

图 3-2　应力波穿越层间结构面微单元力学模型

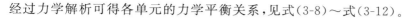

经过力学解析可得各单元的力学平衡关系,见式(3-8)～式(3-12)。

$$\begin{cases} \sigma_1 = \sigma_{IP} \cos^2 \beta_{P1} + \dfrac{\mu_1}{1-\mu_1} \sigma_{IP} \sin^2 \beta_{P1} \\ \tau_1 = \sigma_{IP} \dfrac{1-2\mu_1}{2-2\mu_1} \sin(2\beta_{P1}) \end{cases} \tag{3-8}$$

$$\begin{cases} \sigma_2 = \sigma_{RP} \cos^2 \beta_{P1} + \dfrac{\mu_1}{1-\mu_1} \sigma_{RP} \sin^2 \beta_{P1} \\ \tau_2 = \sigma_{RP} \dfrac{2\mu_1-1}{2-2\mu_1} \sin(2\beta_{P1}) \end{cases} \tag{3-9}$$

$$\begin{cases} \sigma_3 = -\tau_{RS} \sin(2\beta_{S1}) \\ \tau_3 = -\tau_{RS} \cos(2\beta_{S1}) \end{cases} \tag{3-10}$$

$$\begin{cases} \sigma_4 = \sigma_{TP} \cos^2 \beta_{P2} + \dfrac{\mu_2}{1-\mu_2} \sigma_{TP} \sin^2 \beta_{P2} \\ \tau_4 = \sigma_{TP} \dfrac{1-2\mu_2}{2-2\mu_2} \sin(2\beta_{P2}) \end{cases} \tag{3-11}$$

$$\begin{cases} \sigma_5 = -\tau_{TS} \sin(2\beta_{S2}) \\ \tau_5 = \tau_{TS} \cos(2\beta_{S2}) \end{cases} \tag{3-12}$$

根据波阵面动量守恒定律可得质点振动速度与应力的关系[175],见式(3-13)。依据式(3-13)可获得应力波入射分界面后各类波形的应力和质点振动速度的关系,见式(3-14)。

$$\begin{cases} \sigma_{Pi} = \rho_i C_{Pi} v_{Pi} = z_{Pi} v_{Pi} \\ \sigma_{Si} = \rho_i C_{Si} v_{Si} = z_{Si} v_{Si} \end{cases} \tag{3-13}$$

$$\begin{cases} \sigma_{IP} = z_{P1} v_{IP} \\ \sigma_{RP} = z_{P1} v_{RP} \\ \tau_{RS} = z_{S1} v_{RS} \\ \sigma_{TP} = z_{P2} v_{TP} \\ \tau_{TS} = -z_{S2} v_{TS} \end{cases} \tag{3-14}$$

结合矢量叠加原理,将式(3-14)代入式(3-8)～式(3-12)可得层间结构面两侧的应力表达式,见式(3-15)。依据纵波及横波传播时质点的振动方向,可得层间结构面两侧的速度表达式,见式(3-16)。将式(3-15)代入式(3-5)可得反射纵波和反射横波波速,见式(3-17)。将式(3-16)代入式(3-7)可得透射纵波和透射横波波速,见式(3-18)。式(3-18)中,g_i为待定系数,为入射角、反射角、透射角、泊松比及波阻抗的函数,其表达式具体见式(3-19)。式(3-19)中,f_i为待定系数,分别为入射角、反射角、透射角、泊松比及波阻抗的函数,其表达式具体见式(3-20)。

$$\begin{cases} \sigma^- = (z_{P1} v_{IP} + z_{P1} v_{RP}) \left(\cos^2 \beta_{P1} + \dfrac{\mu_1}{1-\mu_1} \sin^2 \beta_{P1} \right) - z_{S1} v_{RS} \sin(2\beta_{S1}) \\[2ex] \tau^- = (z_{P1} v_{IP} - z_{P1} v_{RP}) \dfrac{1-2\mu_1}{2-2\mu_1} \sin(2\beta_{P1}) - z_{S1} v_{RS} \cos(2\beta_{S1}) \\[2ex] \sigma^+ = z_{P2} v_{TP} \left(\cos^2 \beta_{P2} + \dfrac{\mu_2}{1-\mu_2} \sin^2 \beta_{P2} \right) + z_{S2} v_{TS} \sin(2\beta_{S2}) \\[2ex] \tau^+ = z_{P2} v_{TP} \dfrac{1-2\mu_2}{2-2\mu_2} \sin(2\beta_{P2}) - z_{S2} v_{TS} \cos(2\beta_{S2}) \end{cases} \quad (3\text{-}15)$$

$$\begin{cases} v_n^- = v_{IP} \cos \beta_{P1} + v_{RS} \sin \beta_{S1} - v_{RP} \cos \beta_{P1} \\[1ex] v_\tau^- = v_{IP} \sin \beta_{P1} + v_{RS} \cos \beta_{S1} + v_{RP} \sin \beta_{P1} \\[1ex] v_n^+ = v_{TP} \cos \beta_{P2} + v_{TS} \sin \beta_{S2} \\[1ex] v_\tau^+ = v_{TP} \sin \beta_{P2} - v_{TS} \cos \beta_{S2} \end{cases} \quad (3\text{-}16)$$

$$\begin{cases} v_{RP} = v_{IP} g_1 + v_{TP} g_2 + v_{TS} g_3 \\[1ex] v_{RS} = v_{IP} g_4 + v_{TP} g_5 + v_{TS} g_6 \end{cases} \quad (3\text{-}17)$$

$$\begin{cases} v_{TP(i+1)} = v_{IP(i)} f_1 + v_{RS(i)} f_2 + v_{RP(i)} f_3 + v_{TP(i)} f_4 + v_{TS(i)} f_5 \\[1ex] v_{TS(i+1)} = v_{IP(i)} f_6 + v_{RS(i)} f_7 + v_{RP(i)} f_8 + v_{TP(i)} f_9 + v_{TS(i)} f_{10} \end{cases} \quad (3\text{-}18)$$

$$\begin{cases} g_1 = -\dfrac{z_{P1} \left[\cos \beta_{P1} \cos(\beta_{P1} + 2\beta_{S1}) + \dfrac{\mu_1}{1-\mu_1} \sin \beta_{P1} \sin(\beta_{P1} + 2\beta_{S1}) \right]}{z_{P1} \left[\cos \beta_{P1} \cos(\beta_{P1} - 2\beta_{S1}) + \dfrac{\mu_1}{1-\mu_1} \sin \beta_{P1} \sin(\beta_{P1} - 2\beta_{S1}) \right]} \\[4ex] g_2 = \dfrac{z_{P2} \left[\cos \beta_{P2} \cos(\beta_{P2} + 2\beta_{S1}) + \dfrac{\mu_2}{1-\mu_2} \sin \beta_{P2} \sin(\beta_{P2} + 2\beta_{S1}) \right]}{z_{P1} \left[\cos \beta_{P1} \cos(\beta_{P1} - 2\beta_{S1}) + \dfrac{\mu_1}{1-\mu_1} \sin \beta_{P1} \sin(\beta_{P1} - 2\beta_{S1}) \right]} \\[4ex] g_3 = \dfrac{z_{S2} \sin(2\beta_{S1} + 2\beta_{S2})}{z_{P1} \left[\cos \beta_{P1} \cos(\beta_{P1} - 2\beta_{S1}) + \dfrac{\mu_1}{1-\mu_1} \sin \beta_{P1} \sin(\beta_{P1} - 2\beta_{S1}) \right]} \\[4ex] g_4 = \dfrac{1}{z_{S1} \cos(2\beta_{S1})} z_{P1} \dfrac{1-2\mu_1}{2-2\mu_1} \sin(2\beta_{P1})(1 - g_1) \\[3ex] g_5 = -\dfrac{1}{z_{s1} \cos(2\beta_{S1})} \left[z_{P1} g_2 \dfrac{1-2\mu_1}{2-2\mu_1} \sin(2\beta_{P1}) + z_{P2} \dfrac{1-2\mu_2}{2-2\mu_2} \sin(2\beta_{P2}) \right] \\[3ex] g_6 = \dfrac{1}{z_{S1} \cos(2\beta_{S1})} \left[z_{S2} \cos(2\beta_{S2}) - z_{P1} g_3 \dfrac{1-2\mu_1}{2-2\mu_1} \sin(2\beta_{P1}) \right] \end{cases}$$

$$(3\text{-}19)$$

$$\left\{\begin{aligned}
f_1 &= \frac{k_n \Delta t \cos \beta_{P1} \cos(2\beta_{S2}) + k_s \Delta t \sin \beta_{P1} \sin(2\beta_{S2})}{z_{P2}\left[\cos \beta_{P2} \cos(\beta_{P2} - 2\beta_{S2}) + \dfrac{\mu_2}{1-\mu_2}\sin \beta_{P2} \sin(\beta_{P2} - 2\beta_{S2})\right]} \\[2mm]
f_2 &= \frac{k_n \Delta t \sin \beta_{S1} \cos(2\beta_{S2}) + k_s \Delta t \cos \beta_{S1} \sin(2\beta_{S2})}{z_{P2}\left[\cos \beta_{P2} \cos(\beta_{P2} - 2\beta_{S2}) + \dfrac{\mu_2}{1-\mu_2}\sin \beta_{P2} \sin(\beta_{P2} - 2\beta_{S2})\right]} \\[2mm]
f_3 &= \frac{k_s \Delta t \sin \beta_{P1} \sin(2\beta_{S2}) - k_n \Delta t \cos \beta_{P1} \cos(2\beta_{S2})}{z_{P2}\left[\cos \beta_{P2} \cos(\beta_{P2} - 2\beta_{S2}) + \dfrac{\mu_2}{1-\mu_2}\sin \beta_{P2} \sin(\beta_{P2} - 2\beta_{S2})\right]} \\[2mm]
f_4 &= \frac{-k_n \Delta t \cos \beta_{P2} \cos(2\beta_{S2}) - k_s \Delta t \sin \beta_{P2} \sin(2\beta_{S2})}{z_{P2}\left[\cos \beta_{P2} \cos(\beta_{P2} - 2\beta_{S2}) + \dfrac{\mu_2}{1-\mu_2}\sin \beta_{P2} \sin(\beta_{P2} - 2\beta_{S2})\right]} + 1 \\[2mm]
f_5 &= \frac{k_s \Delta t \cos \beta_{S2} \sin(2\beta_{S2}) - k_n \Delta t \sin \beta_{S2} \cos(2\beta_{S2})}{z_{P2}\left[\cos \beta_{P2} \cos(\beta_{P2} - 2\beta_{S2}) + \dfrac{\mu_2}{1-\mu_2}\sin \beta_{P2} \sin(\beta_{P2} - 2\beta_{S2})\right]} \\[2mm]
f_6 &= \frac{1}{z_{S2}\cos(2\beta_{S2})}\left[f_1 z_{P2}\frac{1-2\mu_2}{2-2\mu_2}\sin(2\beta_{P2}) - k_s \Delta t \sin \beta_{P1}\right] \\[2mm]
f_7 &= \frac{1}{z_{S2}\cos(2\beta_{S2})}\left[f_2 z_{P2}\frac{1-2\mu_2}{2-2\mu_2}\sin(2\beta_{P2}) - k_s \Delta t \cos \beta_{S1}\right] \\[2mm]
f_8 &= \frac{1}{z_{S2}\cos(2\beta_{S2})}\left[f_3 z_{P2}\frac{1-2\mu_2}{2-2\mu_2}\sin(2\beta_{P2}) - k_s \Delta t \sin \beta_{P1}\right] \\[2mm]
f_9 &= \frac{1}{z_{S2}\cos(2\beta_{S2})}\left[k_s \Delta t \sin \beta_{P2} - z_{P2}\frac{1-2\mu_2}{2-2\mu_2}\sin(2\beta_{P2})(1-f_4)\right] \\[2mm]
f_{10} &= \frac{1}{z_{S2}\cos(2\beta_{S2})}\left[-k_s \Delta t \cos \beta_{S2} + z_{S2}\cos(2\beta_{S2}) + f_5 z_{P2}\frac{1-2\mu_2}{2-2\mu_2}\sin(2\beta_{P2})\right]
\end{aligned}\right.$$

$$(3-20)$$

（5）透射及反射系数：依据式（3-17）～式（3-20）可求出任意角度入射分界面后的透射波和反射波引起的质点振动速度，用峰值振动速度的比值与波阻抗比值的乘积作为应力波入射层间结构面的透射及反射系数，见式（3-21）。据此，可求出动载应力波穿越层间结构面后的强度衰减规律。对于有 n 层的煤系地层，式（3-21）具有普适性，即应力波穿越任意两层岩层间结构面时的透、反射系数均可以通过式（3-21）获得。式中，TP 为透射 P 波透射系数，TS 为透射 S 波透射系数，RP 为反射 P 波反射系数，RS 为反射 S 波反射系数。

$$\begin{cases} \text{TP} = \dfrac{\max\left|v_{\text{TP}}\right|}{\max\left|v_{\text{IP}}\right|} \dfrac{z_{\text{P2}}}{z_{\text{P1}}} \\[2ex] \text{TS} = \dfrac{\max\left|v_{\text{TS}}\right|}{\max\left|v_{\text{IP}}\right|} \dfrac{z_{\text{S2}}}{z_{\text{P1}}} \\[2ex] \text{RP} = \dfrac{\max\left|v_{\text{RP}}\right|}{\max\left|v_{\text{IP}}\right|} \dfrac{z_{\text{P1}}}{z_{\text{P1}}} \\[2ex] \text{RS} = \dfrac{\max\left|v_{\text{RS}}\right|}{\max\left|v_{\text{IP}}\right|} \dfrac{z_{\text{S1}}}{z_{\text{P1}}} \end{cases} \tag{3-21}$$

3.1.3 动载应力波穿越层间结构面衰减机理

应力波倾斜穿越层间结构面时的影响因素有入射波参数(入射角度 β_{P1}、波源振幅 v_0)、介质属性(岩层泊松比 μ_1、μ_2、E_1、E_2;岩层密度 ρ_1、ρ_2)、结构面属性(法向刚度 k_{n}、切向刚度 k_{s})、时间步长 Δt、采动岩体应力状态。采用控制变量的方法分析各参数对应力波穿越层间结构面时的透、反射系数影响规律。

入射波形选择脉冲正弦波,如图 3-3 所示。应力波表达式为 $v_{\text{IP}} = v_0 \sin(2\pi f t)$,$v_0$ 为波源质点峰值振动速度,f 为振动频率,振动周期为 T,应力波传播过程中存在相位差,为了获得可靠的透、反射系数,取 $0 \leqslant t \leqslant T/2$ 为研究对象,分析该时间段内峰值振动速度的传播特性。考虑弹性阶段的应力波传播问题,可以忽略波源振幅 v_0 的影响,时间步长 Δt 影响计算精度,已有成果证实时间步长越小,计算精度越高,取 Δt 为 $T/2\,000$ 可达到满意的精度要求。

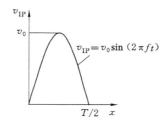

图 3-3　理论入射纵波波形

(1)岩层密度比对透、反射系数的影响规律

固定输入参数:岩层属性($\mu_1 = \mu_2 = 0.2$,$E_1 = E_2 = 30\,000$ MPa)、结构面属性($k_{\text{n}} = 1\,500$ MPa,$k_{\text{s}} = 1\,500$ MPa)、入射波参数($v_0 = 5$ m/s,$f = 50$ Hz,$\beta_{\text{P1}} = 4°$)、时间步长 $\Delta t = T/2\,000 = 10^{-5}$ s。取岩层 1 的密度 ρ_1 分别为 $1\,000$ kg/m³、$1\,500$ kg/m³、$2\,000$ kg/m³ 和 $2\,500$ kg/m³。确定密度比对应力波穿越层间结构面的

透、反射影响研究方案见表 3-1。

表 3-1　结构面两侧岩层密度比对透、反射系数影响研究方案

研究方案	1	2	3	4	5	6	7
ρ_2/ρ_1	0.3	0.5	0.7	0.9	1.1	1.3	1.5

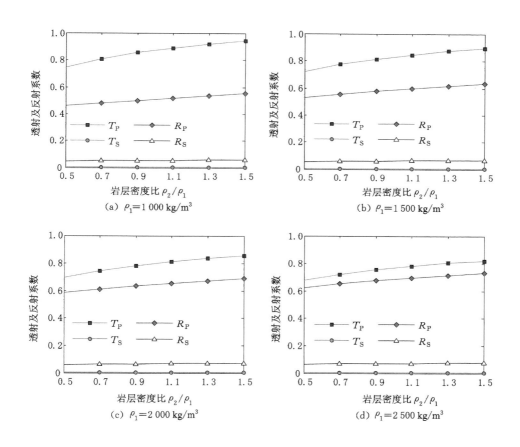

图 3-4　岩层密度比对透、反射系数影响规律

由图 3-4 可知,层间结构面以透、反射同类型波为主,高密度比可提高透射同类型波透射系数及反射同类型波反射系数,不影响透射及反射转换波透、反射系数。当岩层 1 密度(ρ_1)一定时,随层间密度比的增加,透射同类型波透射系数呈增加趋势,增幅逐渐减小;反射同类型波反射系数呈缓慢增加趋势,增幅变

化较小;透射转换波透射系数和反射转换波反射系数较小,变化较小。当动载应力波从高密度介质入射低密度介质时(密度比小于 1),透射同类型波透射系数较大,均大于 0.6,反射同类型波反射系数较小,在 0.4～0.7 之间变化;当动载应力波从低密度介质入射高密度介质时(密度比大于 1),透射同类型波透射系数较大,均大于 0.8,反射同类型波反射系数较大,在 0.5～0.8 之间变化。随着岩层密度的增加(ρ_1 从 1 000 kg/m³ 增加到 2 500 kg/m³),透射同类型波透射系数呈缓慢减小趋势,反射同类型波反射系数呈显著增加趋势,透射转换波透射系数变化较小,反射转换波反射系数呈缓慢增加趋势。

(2)岩层弹性模量比对透、反射系数的影响规律

固定输入参数:岩层属性($\mu_1 = \mu_2 = 0.2$,$\rho_1 = \rho_2 = 2\,500$ kg/m³)、结构面属性($k_n = 1\,500$ MPa,$k_s = 1\,500$ MPa)、入射波参数($v_0 = 5$ m/s,$f = 50$ Hz,$\beta_{P1} = 4°$)、时间步长 $\Delta t = T/2\,000 = 10^{-5}$ s。取岩层 2 的弹性模量 E_1 为 10 000 MPa、40 000 MPa、70 000 MPa、100 000 MPa。确定弹性模量比对应力波穿越层间结构面的透、反射影响的研究方案见表 3-2,研究结果见图 3-5。

表 3-2 结构面两侧岩层弹性模量比对透、反射系数影响研究方案

研究方案	1	2	3	4	5	6	7
E_2/E_1	0.50	0.75	1.00	1.25	1.50	1.75	2.00

由图 3-5 可知,层间结构面以透射及反射同类型波为主,高弹性模量比可提高透射同类型波透射系数及反射同类型波反射系数,高弹性模量可提高反射同类型波反射系数,降低透射同类型波透射系数,均不影响透射转换波透射系数,均可提高反射转换波反射系数。当岩层 1 弹性模量(E_1)一定时,随层间弹性模量比的增加,透射同类型波透射系数呈增加趋势,增幅呈减小趋势;反射同类型波反射系数呈增加趋势,增幅呈减小趋势;透射转换波透射系数较小,变化较小;反射转换波反射系数呈增加趋势,增幅变化较小。当动载应力波从高弹性模量介质入射低弹性模量介质时(弹性模量比小于 1),透射同类型波透射系数较高,在 0.5～0.9 之间变化,反射同类型波反射系数变化较大,在 0.4～0.9 之间变化;当动载应力波从低弹性模量介质入射高弹性模量介质时(弹性模量比大于 1),透射同类型波透射系数较大,均大于 0.6,反射同类型波反射系数较大,均大于 0.5。随着岩层弹性模量的增加(E_1 从 10 000 MPa 增加到 100 000 MPa),透射同类型波透射系数呈显著减小趋势,反射同

类型波反射系数呈显著增加趋势,透射转换波透射系数较小,反射转换波反射系数呈缓慢增加趋势。

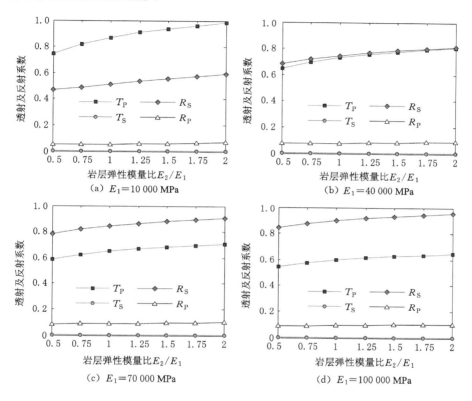

图 3-5 岩层弹性模量比对透、反射系数的影响

(3)岩层泊松比之比对透、反射系数的影响规律

固定输入参数:岩层属性($E_1 = E_2 = 30\,000$ MPa,$\rho_1 = \rho_2 = 2\,500$ kg/m³)、结构面属性($k_n = 1\,500$ MPa,$k_s = 1\,500$ MPa)、入射波参数($v_0 = 5$ m/s,$f = 50$ Hz,$\beta_{P1} = 4°$)、时间步长 $\Delta t = T/2\,000 = 10^{-5}$ s。取岩层 2 的泊松比 μ_1 为 0.10、0.15、0.20、0.25。确定泊松比之比对应力波穿越层间结构面的透、反射影响的研究方案见表 3-3,研究结果见图 3-6。

表 3-3 结构面两侧岩层泊松比之比对透、反射系数影响研究方案

研究方案	1	2	3	4	5	6	7
μ_2/μ_1	0.25	0.50	0.75	1.00	1.25	1.50	1.75

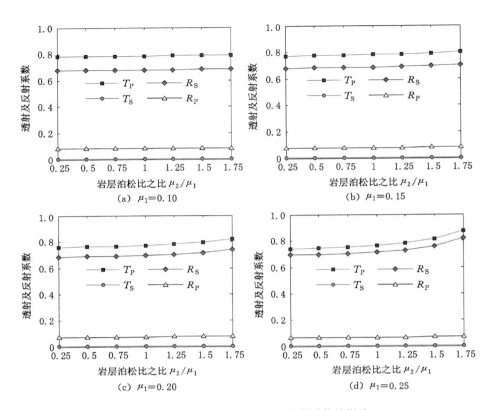

图 3-6　岩层泊松比之比对透、反射系数的影响

由图 3-6 可知,层间结构面以透射及反射同类型波为主,高泊松比之比可提高透射同类型波透射系数及反射同类型波反射系数,高泊松比可减小透射同类型波透射系数,提高反射同类型波反射系数,不影响透射转换波透射系数及反射转换波反射系数。当岩层 1 泊松比(μ_1)一定时,随层间泊松比之比的增加,透射同类型波透射系数呈缓慢增加趋势,增幅呈增加趋势;反射同类型波反射系数呈缓慢增加趋势,增幅呈增加趋势;透射转换波透射系数和反射转换波反射系数较小,变化较小。当动载应力波从高泊松比介质入射低泊松比介质时(泊松比之比小于 1),透射同类型波透射系数较高,普遍大于 0.7,变化较小,反射同类型波反射系数接近 0.7,变化较小;当动载应力波从低泊松比介质入射高泊松比介质时(泊松比之比大于 1),透射同类型波透射系数较大,均大于 0.7,变化较大,反射同类型波反射系数较大,均大于 0.7,变化较大。随着岩层泊松比的增加(μ_1 从 0.10 增加到 0.25),透射同类型波透射系数呈减小趋势,反射同类型波反射

系数显著增加,透射转换波透射系数以及反射转换波反射系数变化较小。

（4）结构面法向刚度对透、反射系数的影响规律

固定输入参数:岩层属性($\mu_1 = \mu_2 = 0.2$, $E_1 = E_2 = 30\ 000$ MPa, $\rho_1 = \rho_2 = 2\ 500$ kg/m³)、结构面属性($k_s = 1\ 500$ MPa)、入射波参数($v_0 = 5$ m/s, $f = 50$ Hz, $\beta_{P1} = 4°$)、时间步长 $\Delta t = T/2\ 000 = 10^{-5}$ s。确定结构面法向刚度对应力波穿越层间结构面的透、反射影响的研究方案见表 3-4,研究结果见图 3-7。

表 3-4　结构面法向刚度对透、反射系数影响研究方案

研究方案	1	2	3	4	5	6	7
k_n/MPa	500	1 500	2 500	3 500	4 500	5 500	6 500

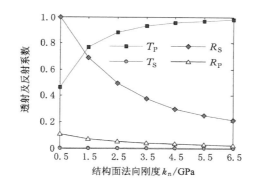

图 3-7　结构面法向刚度对透、反射系数影响

由图 3-7 可知,层间结构面以透射及反射同类型波为主,高结构面法向刚度可提高透射同类型波透射系数,减小反射同类型波反射系数,减小反射转换波反射系数,不影响透射转换波透射系数。随层间结构面法向刚度的增加,透射同类型波透射系数呈显著增加趋势,趋近于 1,增幅呈减小趋势;反射同类型波反射系数呈显著减小趋势,趋近于 0.2,减幅呈减小趋势;透射转换波透射系数接近 0,变化较小;反射转换波反射系数逐渐减小,均小于 0.1。

（5）结构面切向刚度对透、反射系数的影响规律

固定输入参数:岩层属性($\mu_1 = \mu_2 = 0.2$, $E_1 = E_2 = 30\ 000$ MPa, $\rho_1 = \rho_2 = 2\ 500$ kg/m³)、结构面属性($k_n = 1\ 500$ MPa)、入射波参数($v_0 = 5$ m/s, $f = 50$ Hz, $\beta_{P1} = 4°$)、时间步长 $\Delta t = T/2\ 000 = 10^{-5}$ s。确定结构面切向刚度对应力波穿越层间结构面

的透、反射影响的研究方案见表 3-5,研究结果见图 3-8。

表 3-5   结构面切向刚度对透、反射系数影响研究方案

研究方案	1	2	3	4	5	6	7
k_s/MPa	500	1 500	2 500	3 500	4 500	5 500	6 500

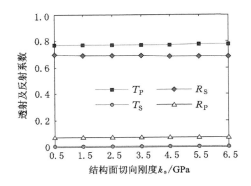

图 3-8   结构面切向刚度对透、反射系数影响

由图 3-8 可知,层间结构面以透射及反射同类型波为主,结构面切向刚度对透射同类型波透射系数、反射同类型波反射系数、反射转换波反射系数以及透射转换波透射系数影响较小。

（6）入射角度对透、反射系数的影响规律

固定输入参数:岩层属性($\mu_1 = \mu_2 = 0.2$,$E_1 = E_2 = 30\ 000$ MPa,$\rho_1 = \rho_2 = 2\ 500$ kg/m³)、结构面属性($k_n = 1\ 500$ MPa、$k_s = 1\ 500$ MPa)、入射波参数($v_0 = 5$ m/s,$f = 50$ Hz)、时间步长 $\Delta t = T/2\ 000 = 10^{-5}$ s。据式(3-2)可知临界入射角为90°,基于此,确定入射角对应力波穿越层间结构面的透、反射影响研究方案见表 3-6,研究结果见图 3-9。

表 3-6   入射角度对透、反射系数影响研究方案

研究方案	1	2	3	4	5	6
β_{P1}/(°)	0	15	30	45	60	75

由图 3-9 可知,层间结构面以透射同类型波为主,高入射角度可提高透射同类型波透射系数以及透射转换波透射系数,减小反射同类型波反射系数,显著

影响反射转换波反射系数。随动载应力波入射角度的增加，透射同类型波透射系数呈缓慢增加趋势，趋近于1，增幅呈增加趋势；反射同类型波反射系数呈显著减小趋势，趋近于0.1，减幅较大；透射转换波透射系数接近0，呈缓慢增加趋势，增幅较小；反射转换波反射系数呈先增加后减小的变化趋势，均小于0.4，拐点在入射角为30°附近。

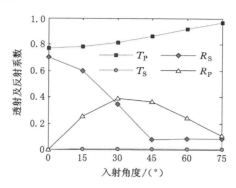

图 3-9　入射角度对透、反射系数影响

（7）入射波频率对透、反射系数的影响规律

固定输入参数：岩层属性（$\mu_1 = \mu_2 = 0.2$，$E_1 = E_2 = 30\ 000$ MPa，$\rho_1 = \rho_2 = 2\ 500$ kg/m^3）、结构面属性（$k_n = 1\ 500$ MPa、$k_s = 1\ 500$ MPa）、入射波参数（$v_0 = 5$ m/s，$\beta_{P1} = 4°$）、时间步长 $\Delta t = T/2\ 000 = 10^{-5}$ s。确定入射波频率对应力波穿越层间结构面的透、反射影响研究方案见表3-7，研究结果见图3-10。

表 3-7　入射波频率对透、反射系数影响研究方案

研究方案	1	2	3	4	5	6	7
f/Hz	20	40	60	80	100	120	140

由图3-10可知，层间结构面以透射及反射同类型波为主，高入射波频率可提高反射同类型波反射系数以及反射转换波反射系数，减小透射同类型波透射系数，不影响透射转换波透射系数。随动载应力波频率的增加，透射同类型波透射系数呈似线性减小趋势，减幅较大；反射同类型波反射系数呈显著增加趋势，趋近于1，增幅呈减小趋势，累计增幅较大；透射转换波透射系数接近0，变化较小；反射转换波反射系数呈缓慢增加的变化趋势，均小于0.2。

当动载应力波穿越煤系地层层间结构面时，以透射及反射同类型波为主，

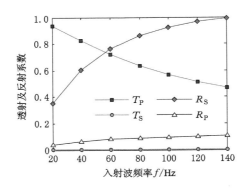

图 3-10　入射波频率对透、反射系数影响

透射转换波透射系数接近 0,反射转换波反射系数普遍小于 0.2。高密度比、高弹性模量比、高泊松比之比均可提高透射同类型波透射系数及反射同类型波反射系数;高密度、高弹性模量、高泊松比均可降低透射同类型波透射系数,提高反射同类型波反射系数;高层间结构面法向刚度、高应力波入射角度、低应力波入射频率可提高透射同类型波透射系数,降低反射同类型波反射系数。工作面采动使围岩处于承压状态,围岩体积被压缩,间接导致围岩密度升高,层间结构面透射同类型应力波的能力被减弱,反射同类型应力波的能力被提升,减小了采动动载对沿空巷道的作用强度。

3.2　均质煤岩层内的活化型动载演化机制

3.2.1　均质岩层内动载应力波传播衰减因子

无限均质介质中的线弹性波动方程可归结为求解位移标量势和矢量势的四元二次偏微分方程,见式(3-22)。求解此类微分方程有一定难度,解析解也比较复杂。均质岩体中,应力波主要受传播距离的影响,建立应力波振幅随传播距离的衰减规律是行之有效的解决方案。

$$\begin{cases} \dfrac{\partial^2 \varphi}{\partial t^2} - \dfrac{\lambda + 2\mu}{\rho_0}\left(\dfrac{\partial^2}{\partial X^2} + \dfrac{\partial^2}{\partial Y^2} + \dfrac{\partial^2}{\partial Z^2}\right)\varphi = 0 \\ \dfrac{\partial^2 \vec{\psi}}{\partial t^2} - \dfrac{\mu}{\rho_0}\left(\dfrac{\partial^2}{\partial X^2} + \dfrac{\partial^2}{\partial Y^2} + \dfrac{\partial^2}{\partial Z^2}\right)\vec{\psi} = 0 \end{cases} \tag{3-22}$$

应力波在连续均质岩层中传播时,波阵面对介质质点做功,使质点振动获得能量,应力波的振幅和强度逐渐减小。连续介质对应力波的衰减特性形成应力波阻抗。假设动载应力波在煤系地层同一岩层中从一点传播到另一点过程中,传播距离为 Δr,应力波振幅衰减为 $\Delta\sigma$,由波在固定介质中传播的吸收理论可得,应力波振幅衰减大小正比于应力波振幅 σ_0,正比于传播距离 Δr,其微分形式见式(3-23)。求解可得应力波振幅在岩体内的衰减规律,见式(3-24)。

$$d\sigma_A = -\zeta\sigma_0 dr \qquad (3\text{-}23)$$

$$\sigma_A = \sigma_0 e^{-\zeta r} \qquad (3\text{-}24)$$

式中,ζ 为应力波在均质岩体中的衰减因子。

3.2.2　动载应力波传播衰减因子原位监测方法

应力波衰减因子受波源特征、岩层本质力学特征影响,很难给出统一的解析解。多数学者采用实验室实验或者现场原位测试的方法拟合特定条件下的应力波传播衰减因子,揭示均质岩层内的衰减规律,取得了较好的结果。"轻气炮平板碰撞试验结果"证实粗粒花岗闪长岩应力波衰减因子随应力峰值的减小而增大,具有明显的分区特征,在三个应力峰值 7.0~2.0,1.80~0.33,0.30~0.08 GPa 范围中有三个不同的衰减因子:0.516、3.50 和 16.60[176];"压电陶瓷监测结果"表明混凝土应力波衰减因子与应力波频率呈三次多项式关系[177];"GP 型纵波传感器监测结果"证实片麻岩、花岗岩、大理岩、破碎大理岩、断层角砾岩应力波衰减因子与频率呈线性正相关关系[178]。"TDS-6 微震信号原位测试结果"证实煤层介质中振动能量沿传播距离呈指数关系衰减,衰减因子为0.154,同时证明振动能量在岩土介质中呈乘幂关系衰减,且衰减指数与岩土密度、硬度呈负相关关系[179-180]。"PVDF 压电计测量结果"表明砂岩平均衰减系数为 0.527,大理岩平均衰减系数为 1.00[181]。

① 求解方法:本书采用 TDS-8 型微震监测系统,进行典型岩层的应力波衰减规律试验研究,通过拟合的方法获取泥岩、煤层、砂岩和石灰岩典型煤系地层的衰减因子。

② 试验仪器:TDS-8 型微震井下实验系统[182],由 1 个记录中心站、8 个拾震器分站、8 盘电缆线以及 1 套数据处理软件组成(图 3-11)。拾震器振动灵敏度为 23 V/(m/s²),采样频率为 1 000 Hz,持续工作时间可达 4 h,放大器增益有 1、2、5、20、50、130、500、1 000 八种变化。记录的原始数据为振动电压随时间的波形数据,可以将记录的 8 通道数据导入计算机当中,用自带的数据处理软件对数据进行后处理操作。本次现场试验中,采用 5 个拾震器分站、1 个记录中

心站、5 盘电缆线和 1 套数据处理软件,放大器增益设为 50。

（a）记录中心站

（b）拾震器分站

（c）拾震器分站与电缆

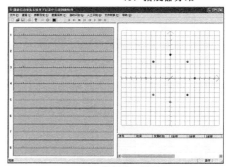

（d）数据处理软件

图 3-11　TDS-8 型微震井下实验系统

③ 试验方案:"煤系地层典型岩层应力波衰减规律原位监测试验"以泥岩、煤层、砂岩、石灰岩岩层为试验岩层,试验地点为阳煤一矿。在掘进工作面处布置定量炸药模拟震源,布置一个柱状炮孔,炮孔直径为 45 mm,孔深为 1.5 m,用药量为 100 mg,用炮泥封堵炮孔。为避开震源附近冲击波的影响,从距离震源 20 m 开始,将提前预备好的 5 个拾震分站依次安装到试验岩层当中,间隔 10 m,记录中心站布置在监测范围的中间位置(即第 3 组拾震分站位置),拾震分站及记录中心站沿巷道轴向布置原理如图 3-12 所示,现场测站布置如图 3-13 所示。每组测试不少于 3 次。

④ 试验结果:用拾震器监测的电压波动数据乘以放大器增益再除以拾震器的灵敏度可以计算出测站的振动加速度。依据现场微震试验,获得各试验岩层中拾震器监测的振动加速度原始数据如图 3-14 所示。随着测站距震源距离的增加,测点处振动加速度幅值呈衰减趋势,衰减速度与岩性相关,煤层和泥岩较软,衰减速度大于砂岩和石灰岩的振动加速度衰减速度。

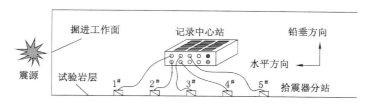

图 3-12　应力波衰减原位监测试验模型

图 3-13　应力波原位测试现场测站布置

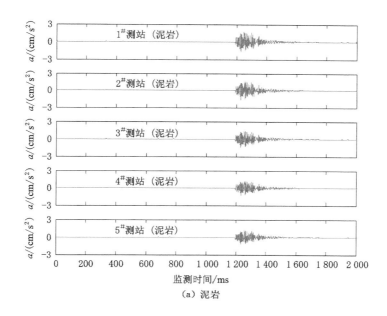

图 3-14　阳煤一矿试验岩层振动加速度时程关系

注:a 为振动加速度。

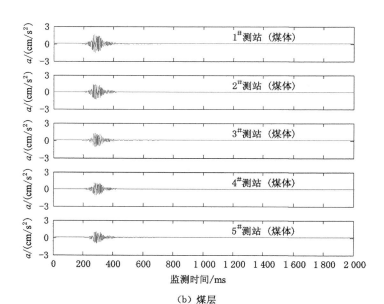

（b）煤层

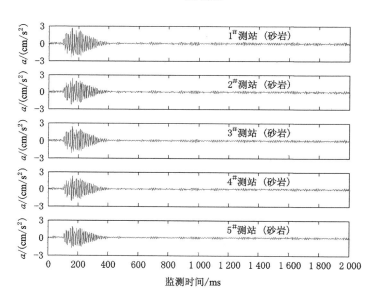

（c）砂岩

图 3-14（续）

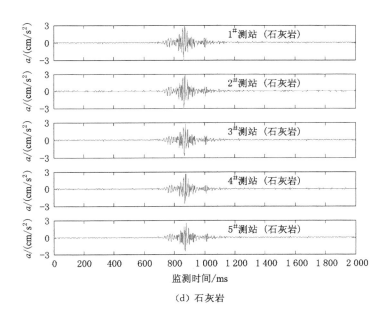

(d) 石灰岩

图 3-14(续)

3.2.3 典型均质岩层内动载应力波衰减规律

根据 TDS-8 微震监测系统内部设计自定的振动加速度幅值与震动烈度的对应关系(图 3-15)[182]、震动烈度与震级的关系(图 3-16)[183]、震级与能量之间的关系(图 3-17)[184],可得到计算各拾震器位置震动能量与振动加速度之间的计算公式,见式(3-25)[180]。各试验岩层中,各子站对应的平均加速度幅值与对应的震动能量见表 3-8。由 MATLAB R2012b 软件拟合可得煤系地层典型岩层内的应力波衰减因子,见表 3-9 和图 3-18。该方法可重复使用,测得其他岩层内的应力波衰减因子。

$$E_A = 10^{7.01 + 1.41\ln A_c} \tag{3-25}$$

"煤系地层典型岩层应力波衰减规律原位监测试验"结果表明,阳煤一矿 15# 煤层附近岩层包括泥岩、煤体、砂岩和石灰岩,其应力波衰减因子分别为 0.031、0.038、0.022 和 0.019,见表 3-9。随着岩体强度的增加,其应力波衰减因子逐渐减小。

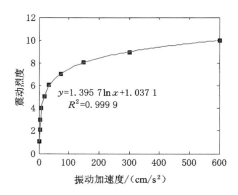

图 3-15 振动加速度与震动烈度的关系[182]

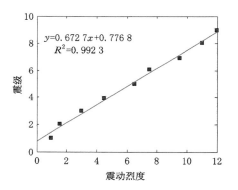

图 3-16 震动烈度与震级的关系[183]

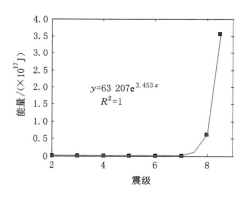

图 3-17 震级与震动能量的关系[184]

表 3-8 试验岩层拾震器监测的平均加速度幅值与对应振动能量

试验岩层	拾震器	距震源距离 /m	平均加速度幅值 /(cm/s²)	振动能量 /MJ
泥岩	1#	20	1.72	58.59
	2#	30	1.61	47.70
	3#	40	1.40	30.05
	4#	50	1.26	21.51
	5#	60	1.20	18.24
煤	1#	20	1.52	39.54
	2#	30	1.30	24.04
	3#	40	1.16	16.49
	4#	50	1.07	12.65
	5#	60	0.94	8.24
砂岩	1#	20	2.65	235.88
	2#	30	2.34	159.30
	3#	40	2.31	151.91
	4#	50	2.21	131.91
	5#	60	1.95	87.84
石灰岩	1#	20	3.11	397.53
	2#	30	3.01	358.74
	3#	40	2.73	261.85
	4#	50	2.61	224.81
	5#	60	2.50	195.91

表 3-9 煤系地层典型岩层内应力波衰减因子

岩性	煤	泥岩	砂岩	石灰岩
ζ	0.038	0.031	0.022	0.019

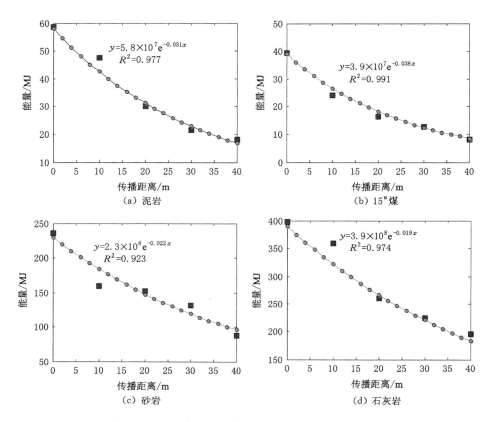

图 3-18　应力波在典型煤系地层中衰减规律试验结果

3.3　侧向硬顶活化型动载时空动荷系数场

采动侧向坚硬顶板活化产生短时动力载荷,动载以应力波的形式向周围煤岩体辐射,解析其影响范围及强度对于采动超前支护、区段煤柱留设、围岩稳定性控制具有显著的理论意义及实用价值。基于此,本节提出"时空动荷系数场"的概念,即:"工作面采动引起邻近采空区覆岩侧向坚硬顶板活化产生动力载荷,动力载荷以应力波的形式向周围煤岩体传播,任意一点的动载强度与动载源动载强度的比值为该点的动荷系数,将动荷系数在煤岩体空间的分布状态称为时空动荷系数场"。时空动荷系数场具有场的属性,动荷系数同时是时间和空间的函数,即采动侧向坚硬顶板结构活化产生动载与工作面位置有关,随工作面移动重复产生；动载以应力波的形式向周围煤岩体传播遵循 3.1 节和 3.2 节提出的衰减规律，是位置的函数。本节建立时空动荷系数等值线曲面图，分析动载应力波在工作面前方、采空区侧向的影响范围和强度，并基于时空动荷系数场的应用分析，提出"采动动荷系数层析成像技术"。

3.3.1　时空动荷系数场解析模型

假设开采煤层至上方动载源所在岩层之间存在 $n-1$ 层岩层，煤层为第 n 层，向上依次为第 $n-1$ 层，第 $n-2$ 层，…，第 1 层，对应煤层与直接顶之间为第 n 组层间结构面，向上依次为第 $n-1$ 组，第 $n-2$ 组，…，第 1 组。动载应力波需要穿越 n 层岩层和 n 组层间结构面到达开采煤层，设其穿越第 i 组层间结构面的透射系数为 T_i，可通过式（3-21）的 TP 求得；入射角为 β_i，可通过式（3-4）求得；第 i 层岩层厚度为 h_i；基于此，可得动载应力波穿越第 i 层岩层时的传播距离为 $h_i/\cos\beta_{i+1}$，依据式（3-24）可计算其穿越第 i 层岩层时的衰减系数，见式（3-26）。基于以上分析，可推导动载应力波穿越第 i 组层间结构面和第 i 层岩层时的衰减系数，见式（3-27）。依据式（3-27），可求出应力波穿越 n 层岩层和 n 组层间结构面的累计衰减系数，见式（3-28）。依据式（3-28）可解析计算任一层位任一位置的动荷系数，进而可建立特定条件下的采动时空动荷系数场。

$$\Lambda_i = e^{-\zeta_i h_i/\cos\beta_{i+1}} \tag{3-26}$$

$$\Gamma_i = T_i\Lambda_i = T_i e^{-\zeta_i h_i/\cos\beta_{i+1}} \tag{3-27}$$

$$\Gamma = \prod_{i=1}^{n}\Gamma_i = \prod_{i=1}^{n}T_i e^{-\zeta_i h_i/\cos\beta_{i+1}} \tag{3-28}$$

3.3.2　采动邻空巷道动载显现强度

采动侧向坚硬顶板活化包括坚硬顶板的二次破断、侧向砌体结构的失稳，短时间内的固体结构演化及运动状态改变产生动力载荷。动力载荷以应力波的形式向远场岩层辐射，将穿越层间结构面、煤系地层组到达工程开挖空间。以应力波穿越层间结构面的衰减规律及其在均质岩层内的传播衰减规律为基础，建立邻空巷道动载显现强度与采动侧向坚硬顶板结构活化产生的动载源强度之间的关系。假设采动侧向坚硬顶板活化产生的动载源强度为 I_o，依据式（3-28），可获得动载源应力波穿越 n 层岩层和 n 组层间结构面后的动载强度，见式（3-29）。

$$I = I_\sigma \Gamma = I_\sigma \prod_{i=1}^{n} T_i e^{-\zeta_i h_i / \cos \beta_{i+1}} \tag{3-29}$$

结合阳煤一矿 81303 工作面赋存特征,以采动侧向坚硬顶板活化断裂型动载为例,坚硬顶板Ⅱ破断产生动载需要穿越坚硬顶板Ⅱ(砂岩)、软弱岩层组Ⅰ(泥岩为主)、坚硬顶板Ⅰ(石灰岩)到达煤层巷道围岩。动载应力波将依次穿越砂岩与软弱岩层组间的层间结构面(结构面 1)、软弱岩层组与石灰岩间的层间结构面(结构面 2)、石灰岩与煤层间的层间结构面(结构面 3)。各岩层的物理力学参数见表 3-10。结构面的法向刚度 k_n 分别取 2 500 MPa、2 000 MPa、1 500 MPa。动载源动载强度 I_σ 取 2.4.1 节计算的采动侧向坚硬顶板断裂型动载强度 26.7 MPa,入射波形选择脉冲正弦波(图 3-3),入射波频率 f 取 50 Hz,入射角度 β_1 取 0°,时间步长 Δt 取 10^{-5} s,详细参数参见 3.1.3 节。结合采动邻空巷道动载显现强度[式(3-29)],可求得阳煤一矿 81303 工作面采动侧向坚硬顶板活化断裂型动载传播到邻空巷道围岩的动载显现强度。计算过程中,假定断裂型动载应力波从砂岩底板垂直向下穿越层间结构面 1,即计算动载应力波在砂岩中的衰减系数时,传播距离取 0 m;考察位置位于煤层中间,即计算动载应力波在煤层中的衰减系数时,传播距离取煤层厚度的一半。

表 3-10 阳煤一矿煤系地层物理力学参数

物理力学属性	砂岩	泥岩	石灰岩	煤层
层厚/m	18.0	33.0	13.5	6.5
衰减因子 ζ	0.022	0.031	0.019	0.038
$\rho/(\text{kg/m}^3)$	2 500	2 200	2 600	1 400
E/MPa	30 000	20 000	25 000	8 000
μ	0.13	0.26	0.18	0.35

计算过程和结果见表 3-11。阳煤一矿采动侧向坚硬顶板断裂型动载应力波垂直穿越以泥岩为主的软弱岩层组 1、石灰岩顶板以及煤层后,动载应力峰值由 26.70 MPa 衰减到 2.40 MPa(见表 3-11),累积衰减系数为 0.093,衰减程度显著。砂岩与泥岩之间的结构面透射系数为 0.69,泥岩与石灰岩之间的结构面透射系数为 0.93,石灰岩与煤层间的结构面透射系数为 0.59,三组结构面引起的动载应力波累积衰减系数为 0.38,高于传播距离引起的动载应力波累积衰减系数(0.25)。厚层泥岩衰减系数为 0.36,是动载应力波快速衰减的根本原因。

表 3-11 动载应力波垂直穿越岩层时的显现强度

岩层	ζ_i	h_i/m	β_i/(°)	Λ_i	T_i	ξ_i	I/MPa
砂岩	0.022	0	0	1.00	1.00	1.00	26.70
结构面1＋泥岩	0.031	33.00	0	0.36	0.69	0.25	6.62
结构面2＋石灰岩	0.019	13.50	0	0.77	0.93	0.72	4.77
结构面3＋煤层	0.038	3.25	0	0.88	0.59	0.52	2.40

3.3.3 采动动荷系数层析成像预警技术

依据采动侧向坚硬顶板活化在煤岩体内产生的时空动荷系数解析模型[式(3-28)],建立开采煤层附近任一层位动荷系数分布规律的平面等值图像。该图像可直观反映该层位任意一点的动荷系数大小,根据动载源动载强度可方便计算该点的动载显现强度大小,从而可预测采动动载的作用范围和作用强度,预先指导现场工程设计及施工。

建立如图 3-19 所示的空间柱坐标系,以动载源为坐标原点(O 点),未开采煤层方向为 x 轴正方向,地层铅垂向下方向为 z 轴正方向,工作面推进方向为 y

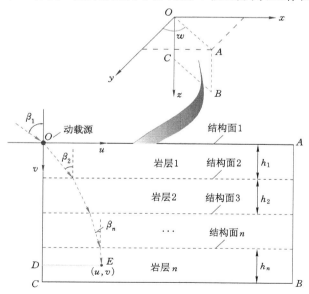

图 3-19 动载应力波在层状岩层传播物理模型

轴正方向。考察动载应力波在 x 轴正方向上的时空动荷系数场,任取 $OABC$ 平面作为研究对象,其与 yOz 平面的夹角为 w,$0 \leqslant w \leqslant 180°$。在 $OABC$ 平面内,以 O 点为坐标原点,OA 方向为 u 轴,OC 方向为 v 轴,建立平面局部坐标系。在局部坐标系下,用式(3-28)求解第 n 层岩层内 DE 测线上的动荷系数,当 DE 测线绕着 v 轴旋转时,可以得到第 n 层岩层内 DE 测线所在层位的动荷系数曲面图,该曲面图在 Oxy 平面内的投影,即为该层位的动荷系数层析成像。

依据 2.3 节揭示的采动侧向坚硬顶板活化动载特征,以开采煤层上部坚硬顶板 Ⅱ 活化产生的断裂型动载为例,研究其周围煤岩体内的动荷系数层析成像特征。入射角度 β_1 取 0°~80°,由于动荷系数场的对称性,取 w 为 0~90°。以表 3-10 数据为基础,结合式(3-28)可得泥岩中间层位、石灰岩中间层位和煤层中间层位的时空动荷系数层析成像,如图 3-20 至图 3-22 所示。

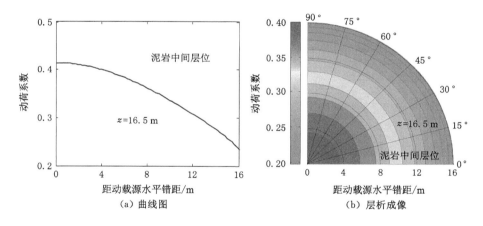

图 3-20　泥岩中间层位动荷系数分布规律

采动侧向坚硬顶板活化产生的时空动荷系数场具有随垂直间距的增加显著衰减、随水平错距的增加呈快速减小的特征。垂直间距增加 49.75 m,时空动荷系数最大值从 1 衰减到 0.09 左右。随水平错距的增加,时空动荷系数衰减速度较快。时空动荷系数影响范围随垂直间距的增加呈增加趋势,随着入射角度 β_1 从 0°增加到 80°,时空动荷系数在泥岩中间层位(垂距为 16.50 m)的最大影响范围约为 16 m,在石灰岩中间层位(垂距为 39.75 m)的最大影响范围约为 40 m,在煤层中间层位(垂距为 49.75 m)最大影响范围约为 50 m。依据“动载应力波穿越层间结构面时的衰减规律”可知,结构面两侧岩层的物理力学属性(岩层密度、岩层弹性模量、岩层泊松比)决定了动载应力波穿越层间结构面后

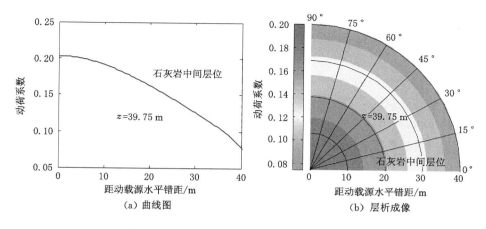

图 3-21　石灰岩中间层位动荷系数分布规律

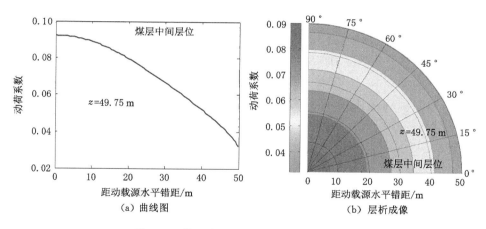

图 3-22　煤层中间层位动荷系数分布规律

的传播方向,进而决定了煤系地层中动荷系数的远场影响范围。

"采动侧向坚硬顶板活化动载形成机理"表明:阳煤一矿 81303 工作面采动产生的断裂型动载强度为 26.7 MPa,发生在开采工作面前方 23 m 处。在工作面前方 73 m 至后方 27 m 范围内均受到动载应力波影响。根据图 3-20 至图 3-22所示的时空动荷系数层析成像情况,可以计算三个层位动荷系数影响范围内任意一点的动载显现强度。结合采动围岩静载应力场及"动静载对巷道围岩的协同作用机制",可建立"采动动荷系数层析成像预警技术"。

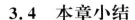

3.4　本章小结

　　本章采用力学解析结合原位测试的方法,建立了动载应力波在煤系地层中传播衰减的力学模型,研究了动载应力波倾斜穿越层间结构面及均质岩层的传播衰减规律,提出并探究了采动侧向坚硬顶板结构活化时空动荷系数场,开发了采动动荷系数层析成像预警技术。

　　(1)建立了动载应力波穿越层间结构面的力学解析模型,揭示了应力波穿越层间结构面的衰减机理。发现以透射及反射同类型应力波为主,透射转换波透射系数接近0,反射转换波反射系数普遍小于0.2。高密度比、高弹性模量比、高泊松比之比均可提高透射同类型波透射系数及反射同类型波反射系数;高密度、高弹性模量、高泊松比均可降低透射同类型波透射系数,提高反射同类型波反射系数;高层间结构面法向刚度、高应力波入射角度、低应力波入射频率可提高透射同类型波透射系数,降低反射同类型波反射系数。

　　(2)建立了动载应力波在均质煤岩体内的传播衰减数学模型,开发了均质岩体内应力波衰减因子原位监测方法。发现随距离的增加,应力波在均质煤岩体内呈负指数规律衰减,衰减速度较快,衰减因子随煤岩体强度的增加呈减小趋势。阳煤一矿泥岩、煤层、石灰岩、砂岩的衰减因子分别为0.031、0.038、0.019、0.022。

　　(3)解析分析了采动侧向坚硬顶板结构活化时空动荷系数场。发现传播距离对动载应力波的衰减作用显著大于层间结构面对动载应力波的衰减作用,随垂直间距的增加,动载应力波作用范围呈增加趋势,作用强度呈显著减小趋势。

4 活化型动载扰动邻空巷道大变形机理

巷道围岩的稳定性由围岩应力、围岩强度和支护结构决定。邻空巷道的围岩应力由邻空侧向支承应力、超前支承应力以及动载应力组成,在时空演化过程中形成稳定长时侧向支承应力场、移动短时超前支承应力场以及波动瞬时动载应力场。在三组应力场叠加作用下,邻空巷道围岩稳定性面临极大挑战。本章以前文为基础,结合具体工程案例,建立动静耦合数值分析模型,研究动静叠加应力场下,邻空巷道围岩的响应机制,揭示在不同静载应力场下邻空巷道对动载应力的响应安全阈值,揭示动载应力波扰动邻空巷道大变形机理。

4.1 动静载耦合作用数值分析模型

4.1.1 模型建立

(1)静力计算模型

静力计算模型的建立以原位邻空巷道工程地质条件为基础,对其做一定的简化。邻空巷道由顶板结构、煤柱帮结构、实体煤帮结构及底板结构组成,每组结构均夹杂着形态各异的原生孔洞、节理、裂隙,为复合材料,呈现各向异性的力学行为特性。本次研究问题的关键是邻空侧向支承应力、超前支承应力以及动载应力叠加对邻空巷道的协同作用规律,忽略岩性、材料对巷道围岩稳定性的影响,将模型简化为各向同性的均质岩层。考虑边界效应,模型的几何尺寸为 $65\ \mathrm{m} \times 5\ \mathrm{m} \times 65\ \mathrm{m}$,巷道布置在模型中部,尺寸为 $5.0\ \mathrm{m} \times 4.0\ \mathrm{m}$。模型沿 x 方向两侧边界水平固定,沿 y 方向两侧边界水平固定,沿 z 方向底部固定,顶部为自由边界并施加均布载荷。煤岩属于弹塑性材料,采用莫尔-库仑破坏准则,静力计算模型如图 4-1 所示。

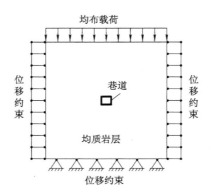

图 4-1　邻空巷道静力计算物理模型

（2）动力计算模型

在静力计算过程中，邻空巷道围岩向静力平衡的状态演化，伴随着静载应力的重新分布、围岩的弹塑性变形破坏，浅部围岩发生塑性破坏，承载应力小于原岩应力，处于塑性承载状态，深部围岩发生弹性变形，承载应力大于原岩应力，处于弹性承载状态，最终，围岩内任意一点均处于应力平衡状态。在静力计算的基础上，在模型边界上模拟采动侧向坚硬顶板破断时的动力载荷，如图 4-2所示。

FLAC3D 动力计算对模型网格划分、边界条件的设置、阻尼形式的选择、动力载荷的加载方式等存在特定的要求[172]。模型中最大可变形单元体的最长边长度应小于 $1/8 \sim 1/10$ 的动载应力波波长。为减小边界上动载应力波的反射，优化模型计算速度，采用静态黏性边界条件，其设置方法可参考文献[172]。选择瑞利阻尼来模拟动力加载过程中岩层材料的摩擦。在模型边界施加规则的余弦剪切应力波模拟动力载荷，通过 FISH 函数来表达。

本次动力分析计算模型具体动力计算参数设置如下：模型每个单元体三个方向网格尺寸均定为 1 m，共有 21 125 个单元体；动载作用于整个上表面，作用时间为一个周期，即 0.02 s，采用余弦剪切波，其表达式见式（4-1）。模型底部设置为静态边界，选择瑞利阻尼，通过数值试验，确定最小临界阻尼比为 0.5%，最小中心频率选择模型自振频率，计算为 5.2 Hz。动力计算累计时间为 0.5 s。

$$sxz = 0.5[1 - \cos(2\pi ft)]\sigma_A \qquad (4\text{-}1)$$

式中，sxz 为施加的剪切应力波大小，MPa；f 为动载应力波振动频率，Hz；t 为动力计算时间，s；σ_A 为动载应力波振幅，MPa。

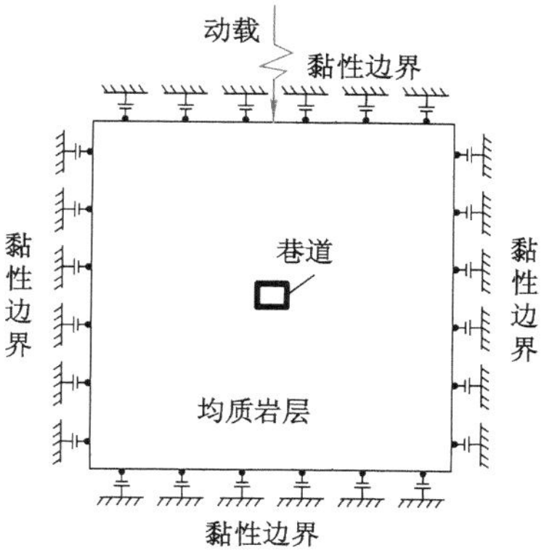

图 4-2 邻空巷道动力计算物理模型

4.1.2 模拟方案

已有的研究成果证实，相比较于波动频率和作用时间，应力波振幅对巷道稳定性影响最为剧烈[75]。为研究动静叠加对巷道围岩的协同作用规律，揭示巷道围岩对动载强度的响应安全阈值，结合深地开采的前景，分别取等效埋深为500 m、1 000 m、1 500 m 的地应力场模拟静载应力的大小，取地层平均容重为25 000 N/m³，对应的静载应力大小分别为 12.5 MPa、25.0 MPa、37.5 MPa，侧压系数取1。以采动侧向坚硬顶板结构活化动载特征为基础，选择动载应力波幅值分别为 0.5 MPa、5.0 MPa、10.0 MPa、15.0 MPa、20.0 MPa，对应的模型材料参数见表 4-1，单个方案的动静耦合数值计算流程如图 4-3 所示。

表 4-1 邻空巷道动力响应模型材料参数

岩性	密度 /(kg/m³)	体积模量 /GPa	剪切模量 /GPa	内摩擦角 /(°)	黏聚力 /MPa	抗拉强度 /MPa
煤	1 400	2	1	30	0.8	0.5

4.1.3 监测方案

以监测的帮部垂直应力、顶板水平应力和底板水平应力为基础，计算获得巷道围岩各承载结构的动载应力扰动强度分布规律；以监测的帮部水平位移、

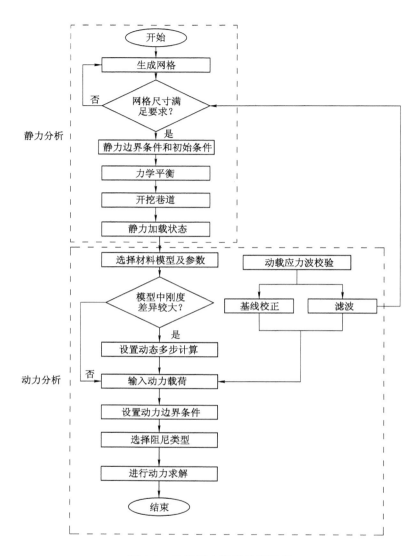

图 4-3　动静耦合数值计算流程

顶板垂直位移和底板垂直位移为基础,计算获得巷道围岩各承载结构的动载位移扰动强度分布规律;以监测的帮部塑性破坏区宽度、顶板塑性破坏区深度和底板塑性破坏区深度为基础,计算获得巷道围岩各承载结构的动载塑性区扰动强度。以监测的帮部水平位移加速度、顶板垂直位移加速度和底板垂直位移加速度为基础,计算获得巷道围岩各承载结构的动载位移加速度扰动强度分布规律;以四类动载扰动强度为分析评价指标,评价动载对不同区域围岩承载结构的扰动程度,监测范围包括塑性承载区和弹性承载区。具体监测方案如图4-4所示。

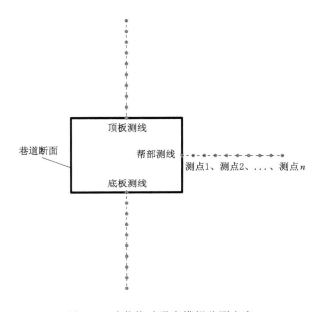

图 4-4　动载扰动强度模拟监测方案

4.2　巷道围岩动静载叠加响应特征

以采动邻空巷道围岩为研究对象,以稳定长时侧向支承应力、移动短时超前支承应力和波动瞬时动载应力为敏感性解析分析因子,以围岩垂直应力、围岩水平应力、围岩垂直位移、围岩水平位移、围岩塑性破坏区和围岩位移加速度为解析分析评价指标,依托于动静耦合数值分析模型,解析分析动静载叠加作用下邻空巷道围岩稳定性。动静载叠加作用下围岩稳定性评价分析指标分布特征如图4-5~图4-9所示。

4.2.1　围岩应力

巷道围岩承载能力和围岩应力决定了围岩的弹塑性变形状态,围岩的变形和破坏又反过来影响围岩的承载能力和围岩应力,直到围岩达到力学平衡状态。围岩静载应力和瞬时动载应力幅值的增加可显著提高围岩塑性变形能、塑性破坏区范围以及应力转移程度。处于静力平衡状态的邻空巷道围岩在波动瞬时动载应力的作用下,浅部塑性承载区内的围岩承载瞬时压应力或者拉应力,重新获得塑性变形能,围岩向巷道内部挤压释放塑性变形能,以达到新的塑性承载平衡状态;同时,较浅部的弹性承载区内的围岩承载瞬时压应力或者拉应力,当瞬时拉应力或者压应力达到围岩所能承受的极限值时,围岩发生塑性破坏,引起围岩应力向深部弹性承载区转移。这种塑性破坏一直伴随着动载应力的波动过程,直到瞬时压应力或者拉应力小于围岩的极限承载能力。

巷道围岩在动静载叠加作用下的垂直应力场,如图 4-5 所示。随着动载应力幅值从 0.0 MPa 增加到 20.0 MPa,巷道围岩垂直应力场呈现明显的分区特征:顶底板浅部围岩垂直应力降低区范围呈显著增加趋势,深部围岩垂直应力处于原岩应力区;两帮浅部围岩垂直应力降低区范围呈缓慢增加趋势,增幅较小,深部围岩垂直应力增高区范围呈增加趋势,逐渐向巷道深部转移,垂直应力集中系数变化不明显。随着静载应力从 12.5 MPa 增加到 37.5 MPa,围岩垂直应力降低区、原岩应力区、升高区对动载幅值的响应程度显著提高,即同一动载幅值下,随着围岩静载应力的增加,巷道顶底板及两帮垂直应力降低区影响范围显著增加,两帮垂直应力升高区明显向围岩深部转移,应力大小显著增加。

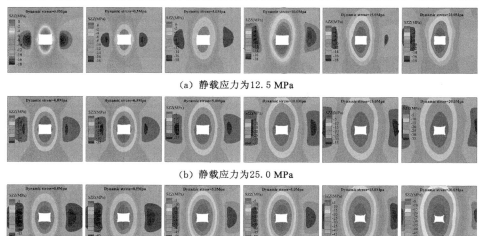

(a) 静载应力为 12.5 MPa

(b) 静载应力为 25.0 MPa

(c) 静载应力为 37.5 MPa

图 4-5 动静载叠加作用下围岩垂直应力云图

稳定后的围岩垂直应力升高区应力大小与动载幅值无关,由静载应力大小决定,应力集中系数变化较小。

巷道围岩在动静载叠加作用下的水平应力场,如图 4-6 所示。随着动载应力幅值从 0.0 MPa 增加到 20.0 MPa,巷道围岩水平应力场呈现明显的分区特征:两帮浅部围岩水平应力降低区范围呈显著增加趋势,深部围岩水平应力处于原岩应力区;顶底板浅部围岩水平应力降低区范围呈缓慢增加趋势,增幅较小,深部围岩水平应力增高区范围呈增加趋势,逐渐向巷道深部转移,水平应力集中系数变化不明显。随着静载应力从 12.5 MPa 增加到 37.5 MPa,围岩水平应力降低区、原岩应力区、升高区对动载幅值的响应程度显著提高,即同一动载幅值下,随着围岩静载应力的增加,巷道顶底板及两帮水平应力降低区影响范围显著增加,顶底板水平应力升高区明显向围岩深部转移,应力大小显著增加。稳定后的围岩水平应力升高区应力大小与动载幅值无关,由静载应力大小决定,应力集中系数变化较小。

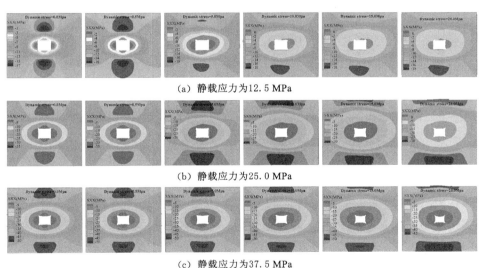

(a) 静载应力为 12.5 MPa

(b) 静载应力为 25.0 MPa

(c) 静载应力为 37.5 MPa

图 4-6 动静载叠加作用下围岩水平应力云图

4.2.2 围岩位移

巷道围岩在动静载叠加作用下的垂直位移场,如图 4-7 所示。静载应力的增加显著提高了围岩垂直位移,同时可显著提高巷道围岩垂直位移对波动瞬时动载应力幅值的响应敏感性程度,动载应力幅值的增加可显著提高围岩垂直位移大小。

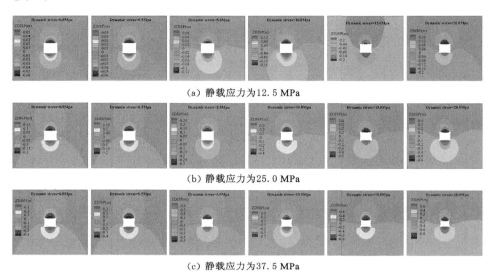

（a）静载应力为 12.5 MPa

（b）静载应力为 25.0 MPa

（c）静载应力为 37.5 MPa

图 4-7　动静载叠加作用下围岩垂直位移云图

随着动载应力幅值从 0.0 MPa 增加到 20.0 MPa,巷道顶底板围岩垂直位移呈明显的增加状态,非对称分布,两帮垂直位移接近于零。当静载应力为 12.5 MPa 时,随着动载应力幅值从 0.0 MPa 增加到 20.0 MPa,围岩顶板垂直位移从 0.06 m 增加到 0.2 m,围岩底板垂直位移从 0.05 m 增加到 0.16 m,增幅较明显。当静载应力为 25.0 MPa 时,随着动载应力幅值从 0.0 MPa 增加到 20.0 MPa,围岩顶板垂直位移从 0.2 m 增加到 0.6 m,围岩底板垂直位移从 0.15 m 增加到 0.4 m,增幅显著增加。当静载应力为 37.5 MPa 时,随着动载应力幅值从 0.0 MPa 增加到 20.0 MPa,围岩顶板垂直位移从 0.4 m 增加到 1.0 m,围岩底板垂直位移从 0.3 m 增加到 0.6 m,增幅显著增加。顶板围岩较靠近动载源,其垂直位移大于底板围岩垂直位移。

巷道围岩在动静载叠加作用下的水平位移场,如图 4-8 所示。静载应力的增加显著提高了围岩水平位移,同时可显著提高巷道围岩水平位移对波动瞬时动载应力幅值的响应敏感性程度,动载应力幅值的增加可显著提高围岩水平位移大小。

随着动载应力幅值从 0.0 MPa 增加到 20.0 MPa,巷道两帮围岩水平位移

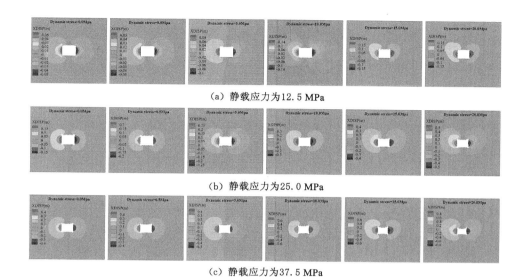

（a）静载应力为12.5 MPa

（b）静载应力为25.0 MPa

（c）静载应力为37.5 MPa

图 4-8　动静载叠加作用下围岩水平位移云图

呈明显的增加状态，对称分布，顶底板水平位移接近于零。当静载应力为 12.5 MPa 时，随着动载应力幅值从 0.0 MPa 增加到 20.0 MPa，围岩帮部水平位移从 0.05 m 增加到 0.15 m，增幅较明显。当静载应力为 25.0 MPa 时，随着动载应力幅值从 0.0 MPa 增加到 20.0 MPa，围岩帮部水平位移从 0.15 m 增加到 0.5 m，显著增加，且增幅显著增加。当静载应力为 37.5 MPa 时，随着动载应力幅值从 0.0 MPa 增加到 20.0 MPa，围岩帮部水平位移从 0.4 m 增加到 0.8 m，显著增加，且增幅显著增加。

4.2.3　围岩塑性区

巷道围岩在动静载叠加作用下的塑性区分布，如图 4-9 所示。在静载作用下，巷道顶板、底板、帮部浅部围岩产生应力集中，当承载应力达到围岩破坏的极限状态时，围岩进入塑性破坏状态，形成塑性区。静载应力的增加可显著提高围岩塑性破坏区大小，能够提高巷道围岩塑性破坏区对动载应力幅值的响应敏感性程度。在三向等压状态下，浅部围岩发生拉破坏、剪切破坏以及拉剪破坏，以剪切破坏为主，其中，拉剪破坏主要发生在最靠近巷道表面的浅部围岩，纯剪切破坏发生在较深部围岩。当静载应力为 12.5 MPa 时，围岩最大塑性破坏区位于巷道顶板，深度为 4 m，拉剪破坏区深度为 1 m，随着动载应力幅值从

0.0 MPa 增加到 20.0 MPa,围岩最大塑性破坏区显著增加,由 4 m 增加到 11 m,拉剪破坏区深度由 1 m 增加到 3 m,塑性破坏区范围显著增加。当静载应力为 25.0 MPa 时,巷道顶板、底板、帮部塑性破坏区范围相当,深度均为 5 m,拉剪破坏区深度为 1 m,随着动载应力幅值从 0.0 MPa 增加到 20.0 MPa,围岩最大塑性破坏区由 5 m 增加到 11 m,最大塑性破坏区发生在巷道顶板及一侧帮部,拉剪破坏区深度由 1 m 增加到 2 m,发生在巷道顶板浅部围岩。当静载应力为 37.5 MPa 时,随着动载应力幅值从 0.0 MPa 增加到 20.0 MPa,围岩最大塑性破坏区由 7 m 增加到 11 m,最大塑性破坏区发生在巷道顶板,拉剪破坏区深度由 1 m 增加到 2 m,发生在巷道顶板浅部围岩。

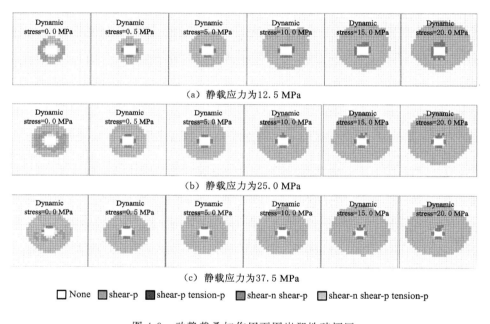

(a) 静载应力为12.5 MPa

(b) 静载应力为25.0 MPa

(c) 静载应力为37.5 MPa

☐ None ▨ shear-p ▨ shear-p tension-p ▨ shear-n shear-p ☐ shear-n shear-p tension-p

图 4-9 动静载叠加作用下围岩塑性破坏区

以静载应力为 25.0 MPa、动载应力为 20.0 MPa 的模拟方案为例,累计动力计算时间为 500.0 ms,其中有效动力加载时间为 20.0 ms。分别取动力累计计算时间为 0.0 ms、10.0 ms、20.0 ms、30.0 ms、40.0 ms、50.0 ms、60.0 ms、70.0 ms、80.0 ms、100.0 ms、300.0 ms 以及 500.0 ms 对应的围岩塑性破坏区。动载扰动过程中的巷道围岩塑性破坏区演化过程如图 4-10 所示。动载扰动过程中,已经处于塑性破坏的浅部围岩塑性破坏类型会发生转变,由纯剪切破坏状态转变为拉剪破坏状态,主要发生在巷道顶板。较深部围岩一直处于临界剪切破坏状态,直至围岩承载应力超过莫尔-库仑强度后。在动载扰动过程中,围岩塑性区逐渐向周围深部岩体扩展,首先沿着巷道围岩一侧顶角扩展,当扩展到一定深度后,塑性破坏区向另一侧顶角扩展,直至两侧顶角塑性区完全沟通,塑性区开始向顶板正上方扩展;同时,塑性破坏区向两帮及底板围岩均匀扩展,扩展速度及扩展量均小于顶板塑性区扩展速度和扩展量。动力加载区域距离巷道顶板表面 16 m,然而巷道围岩塑性区扩展并非发生在有效动力加载时间(即 20 ms)内,而是从有效动力载荷过后开始扩展,且扩展时间主要集中在 40.0~100.0 ms 之间。

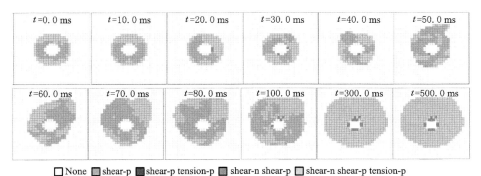

图 4-10 动载扰动过程中围岩塑性区演化规律

4.2.4 围岩位移加速度

巷道围岩在动静载叠加作用下,某时刻(42 ms 时)的位移加速度分布特征,如图 4-11 所示,呈现明显的分区特征。当动载应力为 0.0 MPa 时,围岩位移加速度为 0 m/s²;当动载应力不为 0.0 MPa 时,围岩位移加速度主要集中在顶板和两帮,底板围岩位移加速度较小。巷道开挖空间迫使围岩位移加速度方向发生改变,在顶板上方形成环形加速度场,环形加速度场中心加速度较小,接近 0.0 m/s²,由中心向四周逐渐增大至加速度峰值,环状加速度场由一侧向巷道汇聚,在顶板表面处存在加速度峰值区。顶板环形加速度场继续向外扩展,形成围绕巷道围岩的环形加速度场,由顶板向帮部、底板方向逐渐减小,底板存在加速度接近 0.0 m/s² 的区域。距巷道顶板较远处的围岩形成层状均匀加速度场,呈水平方向,值较大。

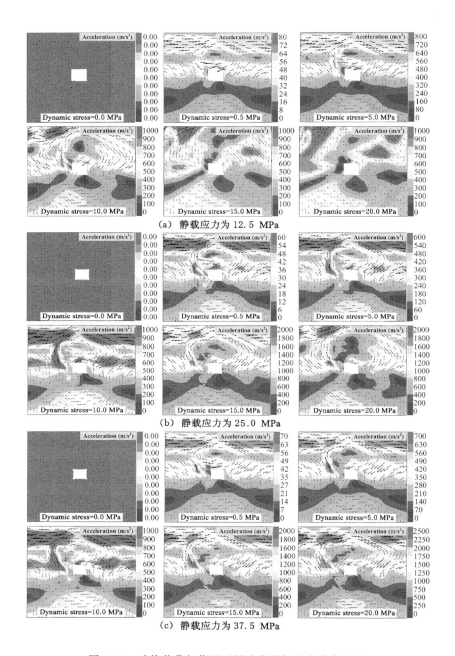

(a) 静载应力为 12.5 MPa

(b) 静载应力为 25.0 MPa

(c) 静载应力为 37.5 MPa

图 4-11　动静载叠加作用下围岩位移加速度分布云图

当静载应力为 12.5 MPa 时,随着动载应力幅值从 0.0 MPa 增加到 20.0 MPa,围岩位移加速度呈显著增加趋势,最大加速度由 0.0 m/s² 急速增加到 1 000 m/s²,然后趋于稳定,增幅呈减小趋势;顶板环状加速度场中心近 0.0 m/s² 的区域呈增加趋势,底板围岩位移加速度近 0.0 m/s² 的区域呈减小趋势,片状分布,加速度集中区逐渐向围岩两顶角转移。随着静载应力从 12.5 MPa 增加到 37.5 MPa,围岩位移加速度对动载应力幅值的响应敏感性程度呈显著增加状态,例如,围岩最大加速度值由 1 000 m/s² 显著增加到 2 500 m/s²,增幅较明显。但静载应力对围岩位移加速度分布形态影响较小,顶板环形加速度场和围岩环形加速度场仍然存在。

以静载应力为 25.0 MPa、动载应力为 20.0 MPa 的模拟方案为例,累计动力计算时间为 500.0 ms,其中有效动力加载时间为 20.0 ms。动力累计计算时间为 0.0 ms、10.0 ms、20.0 ms、30.0 ms、40.0 ms、50.0 ms、60.0 ms、70.0 ms、80.0 ms、100.0 ms、300.0 ms 和 500.0 ms 时的围岩位移加速度演化过程如图 4-12 所示。围岩位移加速度场随着动力计算时间的增加呈动态变化状态。当动力计算时间为 10.0 ms 时,围岩位移加速度较小,在 0.0～1.0 m/s² 之间,呈片状分布;当动力计算时间为 20.0 ms 时,围岩位移加速度整体呈对称分布,远离巷道两顶角方向围岩位移加速度显著增加,在 0.0～400.0 m/s² 之间变化,并呈山峰状态,而巷道正上方顶板及底板围岩处于加速度较小的区域,为山谷状态;当动力计算时间为 30.0 ms 时,山谷状态的加速度区域逐渐减小,山峰状态的加速度场逐渐演化为环形加速度场,顶板及两帮加速度显著高于底板围岩位移加速度,围岩位移加速度在 0.0～1 500.0 m/s² 之间变化。当动力计算时间为 40.0 ms 时,山谷及山峰状态的加速度区域消失,围岩位移加速度呈现顶板环形加速度场及围绕巷道的环形加速度场,环形加速度场中心区域加速度较小,接近于 0.0 m/s²,围岩位移加速度在 0.0～2 000.0 m/s² 之间变化。当动力计算时间为 50.0 ms 时,巷道顶板环形加速度场峰值区由远离巷道的深部围岩转移到靠近巷道的浅部围岩区域,而环形加速度场中心区域向深部围岩转移;同时围绕巷道的环形加速度场重新分布,巷道两底角区域出现加速度峰值区,原底角低加速度区域向巷道两帮转移,围岩位移加速度在 0.0～2 000.0 m/s² 之间变化。当动力计算时间为 60.0 ms 时,两帮较低的加速度状态向远离巷道的两顶角区域转移,巷道顶板正上方及一侧帮部为加速度峰值区域,峰值加速度影响区显著减小,巷道底板加速度较小,在两底角处形成环形加速度场,围岩位移加速度在 0.0～2 000.0 m/s² 之间变化。随着动力计算时间的继续累加,围岩位移加速度呈显著减小趋势，最大加速度由 2 000.0 m/s² 显著减小到 50.0 m/s²，围岩位移加速度峰值区依次出现在一侧顶角和另一侧底角区域（70 ms 时）、一侧顶角和同侧底角区域（80 ms 时）、一侧帮部和同侧底角区域（100 ms 时）、围岩周围区域（300 ms 和 500 ms 时）。

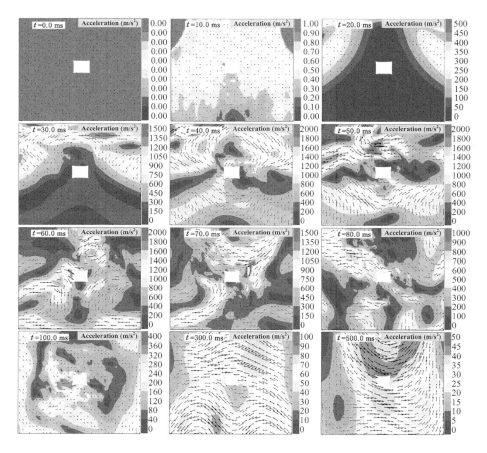

图 4-12　动载扰动过程中围岩位移加速度场演化过程

4.3　巷道围岩动载扰动大变形机理

本书以围岩应力、围岩位移、围岩塑性区和围岩位移加速度作为邻空巷道动力响应的评价分析指标，提出"动载扰动强度"的概念，用动载扰动后围岩任意一点的应力大小与扰动前静载应力作用下该点应力大小的比值作为巷道围岩的动载应力扰动强度。研究中用动载扰动后围岩任意一点的位移大小与扰动前静载应力作用下该点位移大小的比值作为巷道围岩动载位移扰动强度,用动载扰动后围岩塑性区宽度与扰动前静载应力作用下的围岩塑性区宽度的比值作为巷道围岩的动载塑性区扰动强度,用动载扰动后围岩任意一点的振动位移加速度峰值作为巷道围岩动载加速度扰动强度,通过分析动载扰动强度的时空分布规律,确定采动邻空巷道围岩动力响应安全阈值的求解方法和分析指标。

　　动载应力扰动强度大于1的区域为应力相对升高区,小于1的区域为应力相对降低区,小于0的区域为拉压状态转换区;动载位移扰动强度大于1的区域为位移增加区域,小于1的区域为位移减小区域,小于0的区域为反向位移区;动载塑性区扰动强度大于1表明扰动后塑性区增加;动载加速度扰动强度越大,围岩位移加速度越大。

4.3.1　动载应力扰动强度

　　以静载为25.0 MPa时的数值计算结果为例,巷道顶板、底板、帮部深基点动载应力扰动强度如图4-13所示。随着距巷道表面距离的增加,围岩应力扰动强度先后呈减小、增加、减小、趋于稳定的变化规律,浅部围岩应力扰动强度波动幅度较大,呈循环加卸载状态,稳定值均小于1,深部围岩应力扰动强度波动幅度较小,逐渐向1收敛。当动载应力为0.5 MPa时,顶板、底板以及帮部小于1的、稳定的水平应力扰动强度影响范围均在0～6.5 m内,顶板水平应力扰动强度以及帮部垂直应力扰动强度最大值显著高于底板水平应力扰动强度最大值,其最小值显著小于底板水平应力扰动强度最小值,即巷道顶板及帮部围岩对动载的响应敏感性程度高于底板对动载的响应敏感性程度。高动载幅值可显著提高巷道围岩应力扰动强度对动载的响应敏感性程度,随着动载幅值从0.5 MPa增加到20.0 MPa,顶板小于1的、稳定的水平应力扰动强度影响范围从6.5 m逐渐增加到10.5 m,增幅较显著,最大水平应力扰动强度波动范围(最大值与最小值差值的最大值)由0.07 MPa逐渐增加到1.08 MPa,增幅较显著;底板小于1的、稳定的水平应力扰动强度影响范围从6.5 m逐渐增加到8.5 m,增幅显著,最大水平应力扰动强度波动范围由0.04 MPa逐渐增加到0.76 MPa,增幅较大;帮部小于1的、稳定的垂直应力扰动强度影响范围从6.5 m逐渐增加到10.0 m左右,增幅较明显,最大垂直应力扰动强度波动范围由0.09

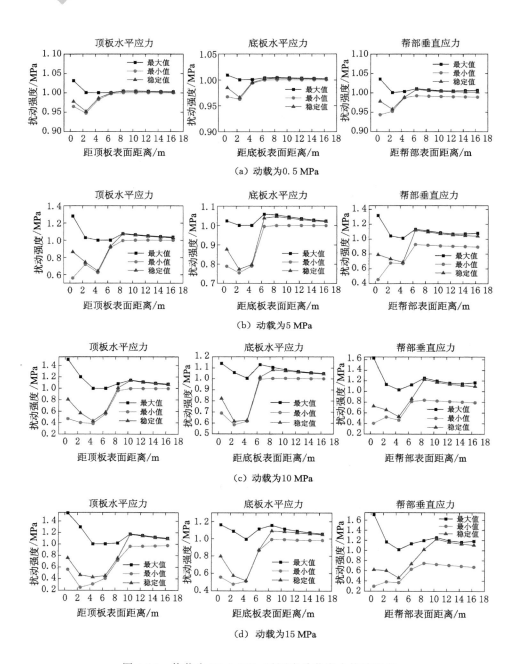

图 4-13　静载为 25.0 MPa 时围岩动载应力扰动强度

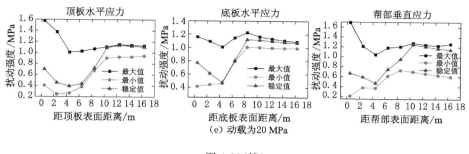

图 4-13(续)

MPa 逐渐增加到 1.49 MPa,增幅最大。最小应力扰动强度波动范围也随动载幅值的增加显著增加。

当围岩静载由 12.5 MPa 增加到 37.5 MPa 时,围岩应力扰动强度对动载的响应敏感性程度显著提高,且巷道顶板、底板、帮部动载应力扰动强度对动载幅值的响应敏感性程度由大到小为帮部、顶板、底板。以围岩应力扰动强度峰值为例,如图 4-14 所示:当静载为 12.5 MPa 时,随着动载幅值从 0.0 MPa 增加到 20.0 MPa,巷道顶板、底板、帮部应力扰动强度均呈先线性增加后趋于稳定的变化规律,最大值分别为 1.39 MPa、1.38 MPa 和 1.46 MPa,拐点分别在动载 5.0 MPa、10.0 MPa 和 5.0 MPa 处;当静载为 25.0 MPa 时,巷道顶板、底板、帮部应力扰动强度也呈先线性增加后趋于稳定的变化规律,最大值分别为 1.58 MPa、1.21 MPa 和 1.72 MPa,拐点分别在动载 10.0 MPa、大于 20 MPa 和 10.0 MPa 处,且顶板及帮部应力扰动强度对动载的响应敏感性程度显著高于底板围岩;当静载为 37.5 MPa 时,巷道顶板、底板、帮部应力扰动强度呈先线性增加后增幅缓慢减小的变化趋势,最大值分别为 1.76 MPa、1.43 MPa 和 2.22 MPa,拐点均在 20.0 MPa 后。

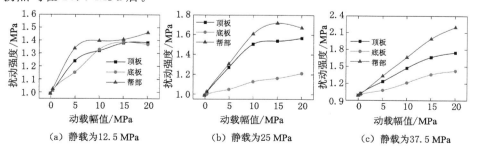

图 4-14 围岩动载应力扰动强度峰值

动载扰动后,巷道浅部塑性承载区及部分弹性区围岩应力扰动强度小于1 MPa,说明塑性承载区围岩应力呈减小状态,释放部分塑性变形能,变形进一步增加;循环加卸载作用使部分弹性承载区进入塑性承载状态,释放部分弹性变形能,围岩变形进一步加大,围岩弹塑性变形随动载幅值的增加呈增加状态;动载幅值的增加可显著提高围岩塑性变形和弹性变形。而较深部弹性承载区围岩应力扰动强度均大于1,围岩应力向深部围岩转移。高静载可显著提高巷道围岩应力扰动强度对动载幅值的响应敏感性程度。

4.3.2 动载位移扰动强度

以静载为 25.0 MPa 时的数值计算结果为例,巷道顶板、底板、帮部深基点动载位移扰动强度如图 4-15 所示。随着距巷道表面距离的增加,巷道围岩位移扰动强度均大于 1 m,位移呈增加状态。顶板垂直位移扰动强度稳定值呈稳定后减小的变化规律,均大于 1 m;底板垂直位移扰动强度稳定值呈逐渐增加的变化规律,均大于 1 m;帮部水平位移扰动强度稳定值呈先后增加、减小、趋于稳定的变化规律,均大于 1 m。当动载幅值为 0.5 MPa 时,顶板浅部围岩垂直位移扰动强度较小,在 1.0~1.03 m 左右,随距巷道表面距离的增加,变化不明显,波动幅度呈减小状态;底板浅部围岩垂直位移扰动强度较小,在 1.0~1.03 m 左右,随距巷道表面距离的增加,显著增加,最大值可达 1.12 m,波动幅度呈增加状态;帮部浅部围岩水平位移扰动强度较小,在 1.0~1.03 m 左右,随距巷道表面距离的增加,稳定值变化不明显,最大值呈增加趋势,最大可达 1.07 m,波动幅度呈增加状态。高动载幅值可显著提高巷道围岩位移扰动强度对动载的响应敏感性程度,随着动载幅值从 0.5 MPa 增加到 20.0 MPa,顶板垂直位移扰动强度稳定值从 1.03 m 增加到 2.80 m,最大波动范围从 0.03 m 增加到 1.89 m,增幅较大;底板垂直位移扰动强度稳定值从 1.12 m 增加到 9.32 m,最大波动范围由 0.16 m 增加到 8.72 m,增幅显著;帮部水平位移扰动强度稳定值从 1.03 m 增加到 2.52 m,最大波动范围由 0.10 m 增加到 2.72 m,增幅较大。与顶板和底板围岩垂直位移扰动强度相比,帮部水平位移扰动强度最小值存在小于 1 m 的区域,位于深部弹性承载区内,该区内围岩受动载应力循环加卸载作用,存在往复运动,但均处于弹性振动状态,未发生塑性变形,随着动载幅值的增加,帮部水平位移扰动强度最小值小于 1 m 的区域呈减小趋势。

当围岩静载由 12.5 MPa 增加到 37.5 MPa 时,围岩位移扰动强度对动载的响应敏感性程度呈缓慢减小趋势,巷道顶板、底板、帮部动载位移扰动强度对

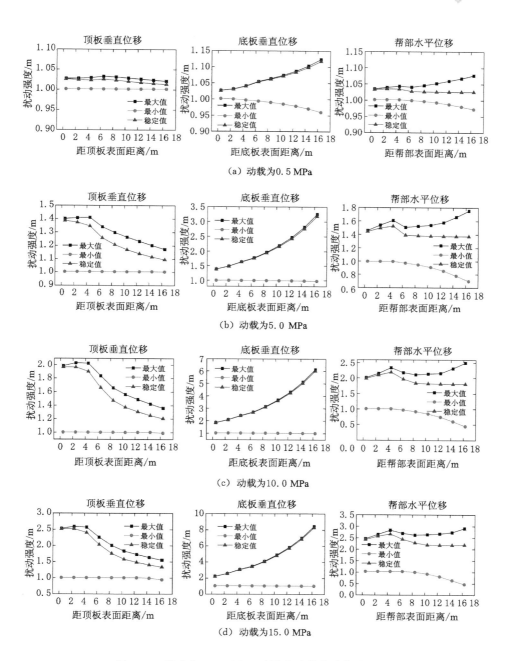

图 4-15 静载为 25.0 MPa 时围岩动载位移扰动强度

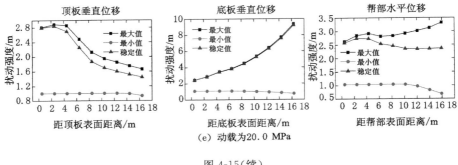

（e）动载为20.0 MPa

图 4-15（续）

动载幅值的响应敏感性程度由大到小为顶板、帮部、底板。以围岩表面位移扰动强度为例，如图 4-16 所示：当静载为 12.5 MPa 时，随着动载幅值从 0.0 MPa 增加到 20.0 MPa，巷道顶板位移扰动强度呈线性增加的变化规律，最大值达到 3.8 m，巷道底板、帮部位移扰动强度呈先线性增加后趋于稳定的变化规律，拐点在动载 10.0 MPa 处，最大值分别为 3.1 m 和 3.3 m；当静载为 25.0 MPa 时，随着动载幅值从 0.0 MPa 增加到 20.0 MPa，巷道顶板、帮部、底板位移扰动强度均呈先线性增加后增幅减小的变化规律，拐点在动载 15.0 MPa 处，最大值分别为 2.72 m、2.55 m、2.35 m；当静载为 37.5 MPa 时，随着动载幅值从 0.0 MPa 增加到 20.0 MPa，巷道顶板、底板、帮部位移扰动强度均呈线性增加的变化规律，最大值分别为 2.27 m、2.08 m、1.86 m。

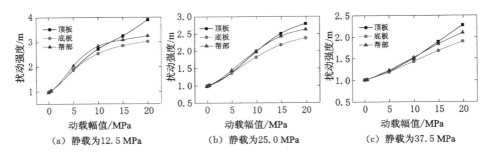

（a）静载为12.5 MPa　　（b）静载为25.0 MPa　　（c）静载为37.5 MPa

图 4-16　围岩位移扰动强度峰值

高静载可显著提高巷道表面位移对动载幅值的响应敏感性程度。随着静载的增加，巷道表面位移扰动强度呈减小趋势，但巷道表面位移对动载幅值的响应敏感性程度呈增加趋势。高静载状态下，巷道围岩位移显著增加，导致计算出的动载位移扰动强度小于低静载状态下的动载位移扰动强度。本次模拟结果显示,静载为 12.5 MPa、25.0 MPa、37.5 MPa 时静载状态下围岩表面垂直位移分别为 0.06 m、0.20 m、0.40 m,围岩表面水平位移分别为 0.05 m、0.15 m、0.40 m。将图 4-16 的动载位移扰动强度乘以相应静载状态下围岩表面位移可得,静载为 12.5 MPa、25.0 MPa、37.5 MPa 时静载状态下,动载为 20.0 MPa时的顶板表面垂直位移分别为 0.23 m、0.54 m、0.91 m,增幅显著增加。

4.3.3 动载塑性区扰动强度

动静载叠加作用下,巷道顶板、底板、帮部围岩塑性承载区宽度扰动强度规律如图 4-17 所示。高静载可显著提高围岩塑性承载区宽度,高动载幅值可显著提高围岩塑性承载区宽度,高静载可提高围岩塑性承载区宽度的动载响应阈值。顶板、底板、帮部围岩塑性承载区宽度对动载的响应敏感性程度由大到小排序依次为帮部、顶板、底板。当静载分别为 12.5 MPa、25.0 MPa、37.5 MPa 时,巷道顶板围岩塑性承载区宽度分别为 4 m、5 m、7 m,底板围岩塑性承载区宽度分别为 4 m、5 m、7 m,帮部围岩塑性承载区宽度分别为 3 m、5 m、7 m。当静载为 12.5 MPa 时,随着动载幅值由 0.0 MPa 增加到 20.0 MPa,巷道顶板塑性区扰动强度由 1.00 m 增加到 2.75 m,底板塑性区扰动强度由 1.00 m 增加到 1.75 m,帮部塑性区扰动强度由 1.00 m 增加到 3.67 m,增幅显著,巷道顶板、底板、帮部塑性承载区扰动强度开始增加的动载强度均为 5.0 MPa,即当动载为 0.5 MPa 时,围岩塑性承载区宽度没有变化。当静载强度为 25.0 MPa 和 37.5 MPa 时,围岩塑性承载区宽度扰动强度存在类似的变化规律,尤其是当静载为 37.5 MPa 时,顶板及帮部围岩塑性承载区宽度扰动强度开始增加的动载幅值为 10.0 MPa,底板围岩塑性承载区宽度开始增加的动载幅值为 15.0 MPa。

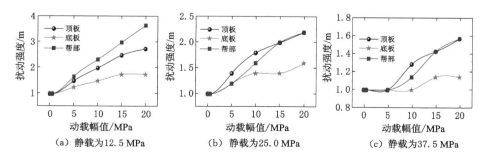

图 4-17 围岩动载塑性承载区宽度扰动强度

4.3.4 动载加速度扰动强度

以静载为 25.0 MPa 时的数值计算结果为例,巷道顶板、底板、帮部深基点动载加速度扰动强度如图 4-18 所示。其中最大值是指动载作用期间围岩位移加速度的峰值大小,最小值是指动载作用期间围岩位移速度的最小值,稳定值是指动载计算结束时围岩的加速度大小。随着距巷道表面距离的增加,围岩位移加速度扰动强度峰值呈先减小后趋于稳定的变化规律,稳定值和最小值均接近与 0。浅部围岩位移加速度扰动强度波动幅度较大,深部围岩位移加速度扰动强度波动幅度较小,随动载幅值的增加最大及最小波动幅度均显著增加。随着动载幅值由 0.5 MPa 增加到 20.0 MPa,巷道顶板垂直加速度扰动强度峰值位于顶板表面,由 78 m/s^2 增加到 2 000 m/s^2,增幅显著,围岩深部加速度扰动强度由 10 m/s^2 增加到 560 m/s^2,增幅显著;巷道底板垂直加速度扰动强度峰值位于靠近底板表面的浅部围岩内(0~6 m),由 32 m/s^2 增加到 610 m/s^2,增幅显著,监测范围内峰值的最小值位于深部围岩(距底板表面 16 m),由 4 m/s^2 增加到 360 m/s^2,增幅较大;巷道帮部水平位移扰动强度随距帮部表面距离的增加变化幅度较小,最大值位于帮部表面,由 68 m/s^2 增加到 1 100 m/s^2,随后最大值向深部围岩转移,最大值减小到 1 050 m/s^2,深部围岩位移加速度扰动强度有类似的变化规律。

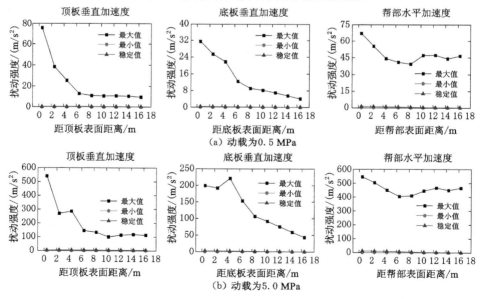

图 4-18 静载为 25.0 MPa 时围岩位移加速度扰动强度

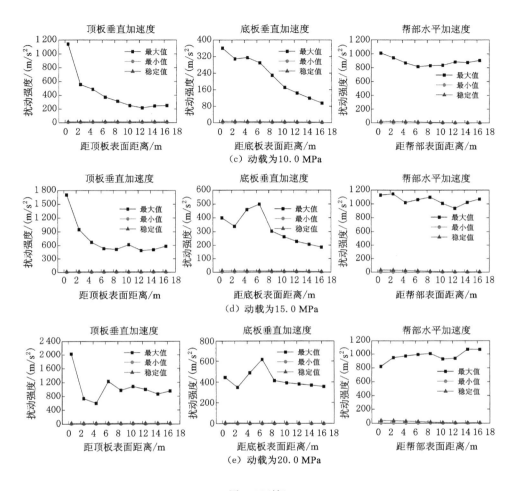

图 4-18（续）

当围岩静载由 12.5 MPa 增加到 37.5 MPa 时，围岩位移加速度扰动强度对动载的响应敏感性程度呈增加状态，巷道顶板、底板、帮部动载加速度扰动强度对动载幅值的响应敏感性程度由大到小为顶板、帮部、底板。以围岩位移加速度扰动强度峰值为例，如图 4-19 所示：当静载为 12.5 MPa 时，随着动载幅值从 0.0 MPa 增加到 20.0 MPa，巷道顶板加速度扰动强度呈一直增加的变化规律，最大值达到 1 560 m/s²，巷道底板、帮部加速度扰动强度呈增加、趋于稳定的变化规律，拐点在动载为 5.0 MPa 处，最大值分别为 400 m/s² 和 1 000 m/s²；当静载为 25.0 MPa 时，随着动载幅值从 0.0 MPa 增加到 20.0 MPa，巷道顶板、底板加速度扰动强度均呈线性增加的变化规律,最大值分别为 2 000 m/s^2、550 m/s^2,帮部加速度扰动强度呈先线性增加后趋于稳定的变化规律,拐点在动载为 10.0 MPa 处,最大值为 1 100 m/s^2;当静载为 37.5 MPa 时,随着动载幅值从 0.0 MPa 增加到 20.0 MPa,巷道顶板、底板、帮部加速度扰动强度均呈线性增加的变化规律,最大值分别为 1 950 m/s^2、1 700 m/s^2、720 m/s^2。

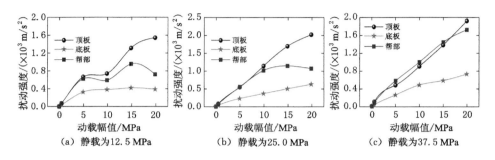

图 4-19　围岩位移加速度扰动强度峰值

4.4　巷道围岩动载响应强度分级

　　4.2 节和 4.3 节的分析结果表明,邻空巷道围岩大变形破坏的本质是稳定长时侧向支承应力(静载)、移动短时超前支承应力(静载)、波动瞬时动载应力(动载)的叠加作用,巷道围岩集聚弹性和塑性变形能,产生静载作用下的弹塑性变形和动载扰动下的弹塑性变形,释放弹塑性变形能,浅部承载能力较低的弹性承载区围岩进入塑性破坏状态,塑性区逐渐增加,产生新的弹塑性变形能,此过程中塑性变形要远大于弹性变形,直到围岩重新达到力学平衡。基于此,提出动静载叠加作用下的邻空巷道围岩大变形阈值理论,开发阈值求解算法,建立动静载叠加作用的动载扰动强度分级方法。

4.4.1　动载响应阈值的提出

　　为限制邻空巷道围岩塑性大变形的扩展,提出"邻空巷道围岩动载扰动阈值"的概念:使巷道围岩塑性区深度增加的最小动载幅值作为巷道围岩动载响应的安全阈值,简称"动载扰动阈值"。该方法的特点是通过限制围岩动载扰动时的塑性区扩展,来减小围岩塑性变形,从而避免高动载扰动过程中的塑性大变形,称之为"塑性区扰动强度零增幅区法"。

为避免邻空巷道围岩大变形灾害的发生,提出"邻空巷道围岩动载大变形阈值"的概念:使巷道围岩达到工程允许变形极限时的最小动载幅值作为巷道围岩动载响应的大变形阈值,简称"动载大变形阈值"。该方法的特点是通过工程允许的巷道变形极限值,反演计算确定巷道动载响应的大变形阈值,称之为"工程容许的围岩极限位移法"。

4.4.2 动载响应阈值的求解

基于动静耦合数值分析模型,由特定静载应力大小,确定动载阈值的判定方法(塑性区扰动强度零增幅区法和工程容许的围岩极限位移法),选择合适的动载幅值计算范围,进行动静耦合计算分析。如果计算结果未达到动载阈值的判定条件,确定下一个动载幅值,重复上次过程,直到计算结果满足动载阈值的判定条件为止。该过程采用 FLAC3D500 进行伺服控制,如图 4-20 所示。通过该方法获得静载为 30.0～45.0 MPa 范围内的动载扰动阈值和动载大变形阈值如图 4-21 所示。其中,工程容许的围岩极限位移法具有普适性,需要根据具体

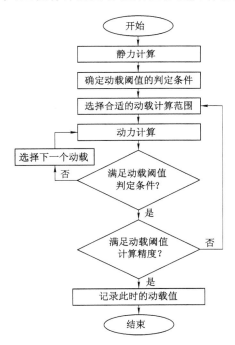

图 4-20 动载阈值求解算法

工程地质条件和现场监测结果确定极限位移大小。考虑地质条件的复杂度和巷道围岩工程用途的差异性,结合动载位移扰动强度分布规律,以顶板下沉为1 000 mm 为例,计算分析动载大变形阈值的变化规律。

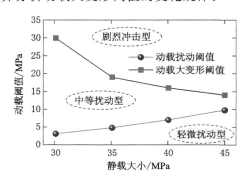

图 4-21　动载扰动阈值和动载大变形阈值计算结果

随静载应力的增加(从 30 MPa 增加到 45 MPa),动载扰动阈值呈似线性增加趋势(从 3.06 MPa 增加到 9.76 MPa),增加了 6.70 MPa,增幅呈缓慢增加趋势。高静载状态下的巷道围岩塑性破坏区范围显著大于低静载状态下的围岩塑性破坏区范围,对动载波动应力的吸收能力较大,围岩弹性承载区发生破坏的动载值将呈增加趋势,所以随着静载应力的增加,动载扰动阈值呈增加趋势。随静载应力的增加(从 30 MPa 增加到 45 MPa),动载大变形阈值呈减小的变化规律(从 30.00 MPa 减小到 14.00 MPa),减小了 16 MPa,减幅呈减小的变化规律。高静载状态下的巷道围岩变形显著大于低静载状态下的围岩变形,达到围岩极限位移所需的动载幅值呈减小趋势。

4.4.3　动载扰动强度的划分

由动载阈值计算结果可知,邻空巷道围岩所处静载应力水平不同,对应的动载幅值响应阈值存在差异,在特定静载状态下,可将作用到围岩上的动载划分为轻微扰动型、中等扰动型和剧烈冲击型。划分的方法是依据特定静载状态下的围岩动载扰动阈值和动载大变形阈值大小,将小于动载扰动阈值的动载称为轻微扰动型动载,将高于动载大变形阈值的动载称为剧烈冲击型动载,介于两者之间的动载称为中等扰动型动载。

在轻微扰动型动载作用下,巷道围岩塑性区扰动强度为1,围岩应力扰动强度、加速度扰动强度、位移扰动强度及其波动范围均较小。在中等扰动型动载作用下,巷道围岩塑性区扰动强度大于1,塑性区呈增加状态,围岩应力扰动强度、加速度扰动强度、位移扰动强度及其波动范围均显著增加,但巷道围岩在返修处理后能满足正常生产需求。在剧烈冲击型动载作用下,巷道围岩塑性区扰动强度大于1,显著增加,围岩应力扰动强度、加速度扰动强度、位移扰动强度及其波动范围剧烈增加,围岩产生剧烈大变形破坏。

4.5　本章小结

本章采用理论分析和数值模拟的方法,建立了动静耦合数值解析分析模型,提出用动载扰动强度评价邻空巷道动静载叠加作用的响应特征,揭示了采动邻空巷道大变形机理,开发了动载响应安全阈值求解算法,确定了动载扰动强度的划分依据。

(1)动静载叠加作用下邻空巷道响应特征。高动载幅值可显著提高巷道围岩应力降低区范围、应力升高区范围、加速度大小、塑性区范围、位移大小。随着静载的增加,巷道围岩"应力三区"、加速度大小、塑性区范围、位移大小对动载幅值的响应敏感性程度显著提高。巷道围岩动载应力扰动强度、位移扰动强度、塑性区扰动强度、加速度扰动强度对动载幅值的响应敏感性程度由大到小分别为帮部＞顶板＞底板、顶板＞帮部＞底板、帮部＞顶板＞底板、顶板＞帮部＞底板。围岩动载扰动强度及其波动范围随着距巷道表面距离的增加呈减小趋势,随动载幅值的增加呈增加趋势。

(2)动静载叠加作用下邻空巷道大变形机理。在稳定长时侧向支承应力场、移动短时超前支承应力场以及波动瞬时动载应力场叠加作用下,巷道围岩基于不同静载应力状态下承受循环瞬时加卸载作用,围岩弹塑性承载状态发生转变,浅部已破坏塑性承载区围岩集聚塑性变形能,产生塑性大变形,释放塑性变形能,深部弹性承载区围岩集聚弹性变形能,产生弹性变形,释放弹性变形能。循环加卸载作用使部分弹性承载区进入塑性承载状态,部分弹性变形能被释放,产生新的塑性大变形,围岩变形进一步被加大,此类破坏过程由浅及深地演化,直至巷道围岩重新进入应力平衡状态。

(3)动载响应安全阈值及扰动强度划分。将巷道围岩响应阈值分为"动载扰动阈值"和"动载大变形阈值",随着静载应力的增加,动载扰动阈值呈似线性增加趋势,动载大变形阈值呈减幅减小的变化趋势。将特定静载状态下巷道围岩承载的动载划分为轻微扰动型、中等扰动型和剧烈冲击型。

5 采动邻空巷道弱化动静载控制技术

采动邻空巷道围岩承载稳定长时侧向支承应力、移动短时超前支承应力以及波动瞬时动载应力,可能导致靠近采动工作面前方巷道围岩支护体瞬间失效,承载能力瞬间降低,使围岩瞬间发生大变形破坏。本章基于采动侧向硬顶活化型动载形成机理、侧向硬顶活化型动载时空演化机理、活化型动载扰动邻空巷道大变形机理,采用理论分析并结合工程试验的方法,研究采动邻空巷道围岩抗动载扰动控制体系,开发抗动载扰动控制技术,试验抗动载扰动技术参数,为西北典型矿区井工开采条件下采动邻空巷道大变形动力灾害防控提供理论依据。

5.1 预裂控顶消波减载技术

基于采动侧向坚硬顶板结构失稳动载形成机理,以控制采动动载的产生和减小静载大小为目的,提出"预裂控顶消波减载技术"。对于靠近开采煤层的坚硬顶板提前采取预裂技术(水力致裂、松动爆破),预裂顶板,使坚硬顶板在一次采动时期随采动工作面推进及时垮冒,避免侧向坚硬顶板破断形成砌体铰接结构,从而消除下区段邻近工作面采动时期的动载,改变覆岩承载结构,减小邻空侧围岩的静载大小,达到消波减载的控制效果。

5.1.1 预裂控顶消波机理

采动动载应力波产生于采动超前支承应力作用下的端头悬臂梁结构断裂和砌体铰接结构垮落失稳,采动侧向坚硬顶板结构特征及其失稳破断机制表明,靠近开采煤层的坚硬顶板结构失稳是整个侧向坚硬顶板结构活化的关键。基于此,在采空侧向坚硬顶板结构形成之前,对开采工作面前方近距离坚硬顶板进行预裂处理,使靠近工作面端头的侧向坚硬顶板随工作面采动及时垮落,其承载的软弱岩层亦跟随垮落,而上部坚硬顶板在上部软弱岩层及自重应力的作用下发生自然断裂和垮落失稳。该方法消除了采动动载应力波的源头,在相邻下区段工作面开采前,侧向坚硬顶板结构已经完全垮落压实采空区,相邻下区段工作面采动时,邻空巷道仅承载由稳定长时侧向支承应力和移动短时超前支承应力组成的静载应力,避免了波动瞬时动载应力的循环加卸载作用。预裂控顶前后的侧向坚硬顶板结构示意图如图 5-1 所示。

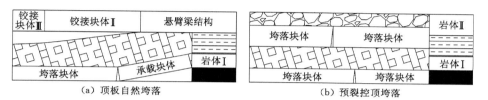

（a）顶板自然垮落　　　　　　　　　（b）预裂控顶垮落

图 5-1　侧向坚硬顶板结构对比图

5.1.2　预裂控顶减载机理

采动支承应力形成机理表明[74],随着工作面的开采,顶煤、伪顶和直接顶随采随冒,浅部坚硬顶板存在周期垮落现象,直至更上层坚硬顶板支撑覆岩载荷,未垮落覆岩重量经过坚硬顶板向周围煤岩体转移形成采动支承应力。在自然垮落情况下,工作面端头侧向坚硬顶板往往形成悬臂梁结构[187-189],如图 5-1(a)所示。上覆岩层重量经悬臂梁作用到采空区邻近煤岩体上,形成较大的支承应力,且支承应力与悬臂梁长度有关。以图 5-1(a)中的悬臂梁为研究对象,建立如图 5-2 所示的力学解析模型,该模型忽略了已断裂岩块的剪力和水平推力,将梁上及梁下均等效为均布载荷。图中 x_1 为悬臂长度,x_2 为悬臂梁的固定端作用区域,M 为弯矩,q_1 为上覆软弱岩层的均布载荷,q_2 为煤岩体对悬臂梁的支护载荷,垮落软弱岩层组的支撑力等效为 k 倍的煤岩体对悬臂梁的支撑力,$0 \leqslant k \leqslant 1$。根据静力平衡可获得,作用到煤岩体上的等效均布力大小,因此可得式(5-1)。

$$q_2 = \frac{x_1 + x_2}{kx_1 + x_2} q_1 \qquad (5-1)$$

令 $f(x_1) = (x_1 + x_2)/(kx_1 + x_2)$ 为采空区端头侧向悬臂梁作用下煤岩体的承载系数,分别取 k 为 0、0.4、0.8 时的承载系数与悬臂长度关系曲线进行研

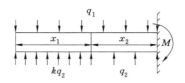

图 5-2　采空区端头侧向悬臂梁结构力学解析模型

究,悬臂长度的变化区间为 $0 \sim 15$ m,取悬臂梁在煤岩体中的等效作用长度为 10 m,最终采空区一侧煤岩体承载系数如图 5-3 所示。随着悬臂梁悬臂长度的增加,承载系数呈似线性增加趋势,随着 k 值的增加,煤岩体承载系数呈减小趋势,但均大于 1。悬臂梁长度可显著增加采空区一侧煤岩体的支承应力,预裂控顶可避免悬臂梁的出现,显著减小采空区一侧煤岩体的支承应力。

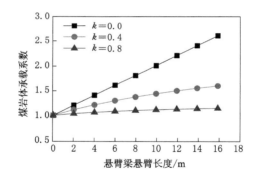

图 5-3　侧向悬臂梁悬臂长度对采空侧煤岩体平均静载的影响规律

5.1.3　预裂控顶工程技术

在开采工作面前方回采巷道内,使坚硬顶板在指定位置断裂,形成预置裂缝,待开采该处侧向坚硬顶板下方煤层后,顶板发生自然垮落,实现预裂控顶。现有的预裂技术手段有"水力致裂技术""钻孔松动爆破技术""钻孔切顶技术"等[190-192]。水力致裂技术松动了断裂位置的围岩,使断裂后的坚硬顶板无法形成铰接块体结构,断裂后的坚硬顶板能及时垮落。基于此,该类条件下适宜采用水力致裂技术。

5.2 煤柱减宽减载承波技术

基于侧向硬顶活化型动载时空演化机理及活化型动载扰动邻空巷道大变形机理,以控制传播途径及静载大小为目的,提出"煤柱减宽减载承波技术"。对于距开采煤层较远的坚硬顶板采取减小煤柱宽度的方法,避开稳定长时侧向支承应力峰值区,使邻近采空区巷道围岩处于较低的静载应力状态,同时"采动动荷系数层析成像预警技术"表明随传播距离的增大,动荷系数减速度较快,动载源距离邻空巷道较远,可保证小煤柱下邻空巷道受动载扰动强度为"轻微扰动型",使小煤柱邻空巷道围岩具有承载"轻微扰动型"波动瞬时动载应力的能力。

5.2.1 煤柱减宽减载机理

长壁工作面开采方法中可采用完全垮落法、部分充填法和完全充填法处理采空区顶板,国内煤矿开采普遍选择经济成本最低的完全垮落法处理采空区顶板。当工作面采用完全垮落法处理采空区时,采空区上方岩层可分为垮落带、裂隙带、弯曲下沉带和静止承载带,垮落带岩层垮落后的碎胀系数不足以充填采空区时,垮落带上方的裂隙带、弯曲下沉带和静止承载带岩层的重量将向未开采区域煤岩体上转移,形成采空区边缘煤体支承应力。该支承应力的分布形态与采空侧煤岩体的承载能力、覆岩重量、开采高度和支护强度相关[193],典型的采空区邻近煤岩体支承应力分布形态如图 5-4 所示。减小区段煤柱宽度可使煤柱和巷道处于较低的静载应力环境,避开支承应力峰值影响区。

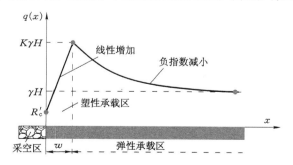

图 5-4 采空区邻近煤岩体支承应力分布形态

采空区一侧煤岩体承载特性表明,采空区一侧煤岩体分为塑性承载区和弹性承载区[194]。随着距采空区边缘距离的增加,塑性承载区内支承应力从残余强度逐渐增加到峰值强度,弹性承载区内支承应力由峰值应力逐步衰减至原岩应力,且衰减速度逐步减小。因此,将塑性承载区内的支承应力简化为线性增加的数学模型,将弹性承载区内的支承应力简化为负指数衰减的数学模型(图5-4),表达式见式(5-2)。

$$q(x) = \begin{cases} ax + b & x < w \\ se^{t(w-x)} + p & x \geqslant w \end{cases} \tag{5-2}$$

式中,$q(x)$ 是采动支承应力,MPa;x 是距采空区煤壁距离,m;w 是采空区一侧煤体塑性承载区宽度,m;a,b,s,t,p 是支承应力数学模型参数。

根据采空区一侧围岩承载特性,模型边界条件如下:① 弹塑性交界位置 $x \to w$ 时,支承应力为峰值应力 $K\gamma H$;② 采空区与煤壁交界位置 $x \to 0$ 时,支承应力为煤体残余强度 R_c';③ 无穷远处 $x \to \infty$ 时,支承应力为原岩应力 γH;④ 辅助面积理论认为开挖空间减小的支承应力等于未开挖空间增加的支承应力[195]。基于此,该模型参数解如式(5-3)所示。

$$\begin{cases} a = (K\gamma H - R_c')/w \\ b = R_c' \\ p = \gamma H \\ s = (K-1)\gamma H \\ t = 2(K-1)\gamma H/(\gamma HD - K\gamma Hw - R_c'w + 2\gamma Hw) \end{cases} \tag{5-3}$$

式中,K 为峰值应力集中系数,1;γH 为原岩应力,MPa;R_c' 为煤体残余强度,MPa;D 为采空区未压实宽度,m。

邻近工作面采动过程中,煤体残余强度 R_c'、峰值应力集中系数 K 和塑性承载区宽度 w 是求解采动支承应力数学模型的关键参数,可以通过数值模拟、现场实测及经验结论来确定。

5.2.2 煤柱减宽承波机理

动静载叠加作用下巷道围岩变形破坏机理表明,同一动载作用下,高静载状态下围岩塑性破坏区宽度、围岩累计变形量显著高于低静载状态下的围岩塑性破坏区宽度和围岩累计变形量。减小煤柱宽度使煤柱及邻空巷道围岩处于较低的静载应力状态,在保证邻空巷道处于相同变形状态时,低静载可提高邻空巷道围岩的动载作用上限。同时,"采动动荷系数层析成像预警技术"表明动载应力波在煤系地层中传播时,传播距离对动载强度的衰减作用显著,实例计算动载波动至垂距 16.5 m 的泥岩层、垂距 39.75 m 的石灰岩层、垂距 49.75 m

的煤层时,动载源正下方动荷系数最大,分别约为 0.41、0.20、0.09,断裂型动载源动载强度为 26.7 MPa,传播到下方泥岩、石灰岩、煤层时的最大动载强度分别为 10.95 MPa、5.34 MPa、2.40 MPa。当动载应力波传播距离较大时,可保证邻空巷道围岩处于轻微扰动型动载作用范围内,围岩承受动载响应阈值以内的波动瞬时动载应力,塑性破坏区宽度不会增加,变形较小。

5.2.3　煤柱减宽工程技术

基于“采动动荷系数层析成像预警技术”和动载源动载强度,确定开采煤层的动荷系数场及动载显现强度,结合稳定长时侧向支承应力与移动短时超前支承应力叠加后的静载应力水平,以“巷道围岩动载响应阈值及扰动强度划分”为依据,评估该静载应力场下的动载阈值分布情况,在采动支承应力峰值两侧选择合理的煤柱宽度。当支承应力峰值靠近采空区时,将巷道布置在支承应力峰值的一侧弹性承载区内,支承应力峰值位于煤柱内,以煤柱和巷道围岩静载变形破坏为基准,确定一个相对较小的煤柱宽度;当支承应力峰值远离采空区时,将巷道布置在支承应力峰值的另一侧塑性承载区内,支承应力峰值位于实体煤上方,并向实体煤深部转移,仍以煤柱和巷道围岩静载变形破坏为基准,确定一个较小的煤柱宽度。

5.3　让压支护减波承载技术

基于采动邻空巷道承载特征(稳定长时侧向支承应力、移动短时超前支承应力和波动瞬时动载应力)及其大变形机理,提出“让压支护减波承载技术”,即采用让压锚杆配合单体支柱的让压承载支护系统,允许巷道产生变形,释放动载引起的弹塑性变形能,吸收应力波振动能量,减小动载波动幅值,保证支护系统具有承载能力,支撑高静载应力。

5.3.1　让压支护减波机理

动静载叠加作用下邻空巷道围岩积聚弹塑性变形能,围岩及锚杆支护系统组成的锚固结构不足以抵抗该部分变形能时,锚杆发生大变形及断裂破坏,失去承载能力,导致围岩产生大变形及结构性失稳破坏。在围岩瞬间大变形释放变形能的过程中保证锚杆支护结构的持续承载特性是解决该问题的关键。波动瞬时动载应力具有使局部围岩处于瞬时高应力加载状态的作用,该作用超过周围锚杆支护系统的抵抗能力后,锚杆局部发生屈服破坏,允许巷道变形释放瞬时高应力引起的弹塑性变形能,但锚杆系统未发生屈服破坏,待波动瞬时动载应力引起的变形能释放后仍有抵抗围岩持续变形的能力。此时,波动瞬时动载应力已经衰减至围岩及锚杆支护系统所能承受的动载阈值范围以内,达到让压支护减波的功效。

5.3.2　让压支护承载机理

处于稳定长时侧向支承应力及移动短时超前支承应力叠加作用下的邻空巷道具有大变形特点,待锚杆支护系统让压部分屈服后,围岩弹塑性变形能被释放,储存相对较低的变形能,锚杆系统能抵抗围岩残余变形能,支撑静载高应力作用,达到让压支护承载的功效。

5.3.3　让压支护工程技术

让压锚杆、恒阻大变形锚杆、单体液压支柱等均有让压支护的作用。以经济实用的让压锚杆为例,讨论动静载叠加作用下让压锚杆的工作机理,为让压锚杆支护参数设计提供理论依据。如图 5-5 所示,让压锚杆由锚固段、自由段和外露段组成,其中外露段由托盘、让压管、垫片、螺母以及外露自由段组成。假设让压管的屈服强度为 s_g,锚杆杆体的屈服强度为 s_t,锚杆杆体的承载横截面积为 A_t,静载作用下锚杆轴向应力为 σ_Δ,动载作用下的波动应力为 σ_w,让压管的有效承载横截面积为 A_g。锚杆杆体的屈服破坏机理见式(5-4),让压管的失稳破坏机理见式(5-5)。让压管屈服强度应小于锚杆杆体屈服强度,并具有一定的初始强度,见式(5-6)。

$$s_t \leqslant R_t = \sigma_\Delta + \sigma_w \tag{5-4}$$

$$s_g \leqslant R_g = \frac{A_t}{A_g}(\sigma_\Delta + \sigma_w) \tag{5-5}$$

$$s_{g0} < s_g < s_t \tag{5-6}$$

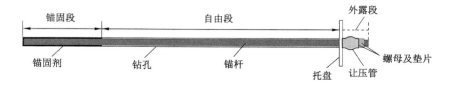

图 5-5　让压锚杆支护系统

5.4　工业性试验

以同煤浙能麻家梁煤矿典型条件下的邻空巷道为试验对象,初步试验了预裂控顶、煤柱减宽和让压支护对采动邻空巷道大变形的预控作用效果,验证了"采动邻空巷道弱化动静载控制技术"的可行性。

5.4.1　工程地质条件

同煤浙能麻家梁煤矿位于山西省朔州市,主采 4# 煤层。4# 煤层平均厚度为 9.78 m,平均倾角为 2°,平均埋深为 639.25 m。4# 煤层直接顶为泥岩,平均厚度为 0.49 m;基本顶为砂岩,平均厚度为 8.49 m;直接底为碳质泥岩,平均厚度为 1.16 m;基本底为砂岩,平均厚度为 3.98 m。4# 煤层上方存在两组坚硬顶板,层厚分别为 8.49 m 和 11.84 m,距离 4# 煤层顶部分别为 0.49 m 和 17.95 m。4# 煤层附近岩层的物理力学属性如图 5-6 所示。

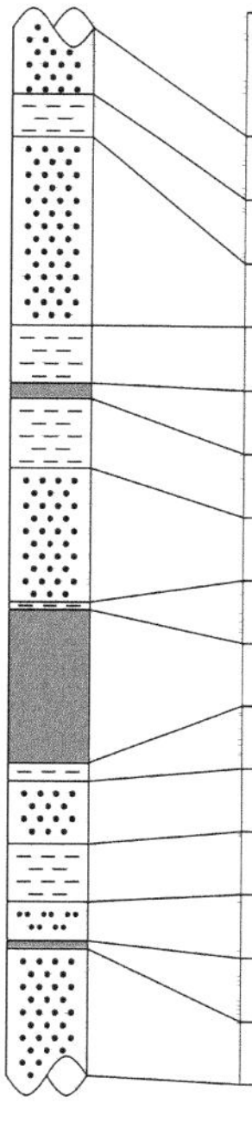

岩性	层厚 /m	埋深 /m	单轴抗压强度 /MPa	特征
砂岩	4.30	596.88	82.13	上覆岩层
泥岩	2.80	599.68	33.37	
砂岩	11.84	611.52	76.62	上部坚硬顶板
泥岩	3.62	615.14	23.16	软弱岩层组
煤	0.95	616.09	18.43	
泥岩	4.40	620.49	48.24	
砂岩	8.49	628.98	82.80	下位坚硬顶板
泥岩	0.49	629.47	51.70	直接顶
煤	9.78	639.25	26.33	4# 煤层
泥岩	1.16	640.41	46.23	直接底
砂岩	3.98	644.39	67.29	基本底
泥岩	3.67	648.06	43.12	软弱岩层组
页岩	2.46	650.52	29.68	
煤	0.50	651.02	24.17	
砂岩	8.02	659.04	71.06	基本底

图 5-6　麻家梁煤矿 4# 煤层附近钻孔柱状图

麻家梁煤矿 4# 煤层采用综采放顶煤长壁开采方法布置采煤工作面,采用完全垮落法处理采空区顶板,前期试验了留煤柱双巷掘进的方式布置相邻区段回采巷道,其典型的采掘工程立体图如图 5-7 所示,在回风巷 Ⅱ 中做了一系列工程试验,取得了有益的实践结论。随后试验沿空掘巷布置回采巷道,即在工作面 Ⅰ 开采形成的采空区基本稳定后,沿稳定采空区边缘留设煤柱进行沿空掘巷(回风巷 Ⅱ)。现场就工作面 Ⅰ 开采后覆岩结构变化对回风巷 Ⅱ 的影响、回风巷 Ⅱ 的支护结构变化对回风巷 Ⅱ 的影响进行了对比实验,监测了采动支承应力演化规律。

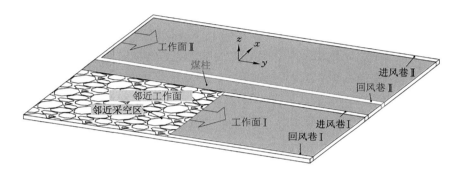

图 5-7　麻家梁煤矿 4# 煤层采掘工程立体图

5.4.2　现场控制技术

(1)预裂控顶技术

依据"预裂控顶消波减载技术",在麻家梁煤矿某工作面进行了试验,采用水力致裂的方法对工作面 Ⅰ 端头坚硬顶板进行预处理,现场施工方案如图 5-8 所示。水力致裂钻孔长度为 24 m,倾角为 30°,直径为 50 mm,开口距离巷道底板 2.5 m;沿工作面推进方向的钻孔间距为 30 m,单孔注水压力设定为 50 MPa,持续注水时间为 10 min。预裂控顶均在工作面 Ⅰ 前方进行施工,待工作面 Ⅰ 推进后,坚硬顶板 Ⅰ 会在预置裂缝处断开,并在工作面 Ⅰ 后方采空区内垮冒。试验长度为沿工作面推进方向 500 m。

(2)煤柱减宽技术

依据"煤柱减宽减载承波技术",在麻家梁煤矿某工作面进行了试验,采用模拟的侧向支承应力分布规律对煤柱进行减宽处理,结果如图 5-9 所示。采空区侧向支承应力降低区、升高区高度分别为 0~5 m 和 5~50 m,峰值位于侧向

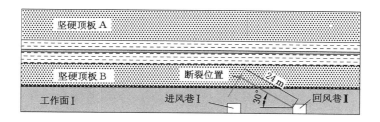

图 5-8　预裂控顶现场施工方案

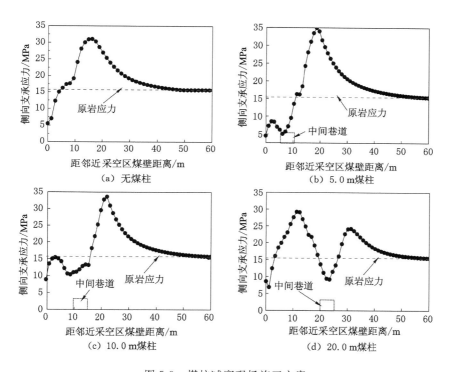

图 5-9　煤柱减宽现场施工方案

15 m 的位置。为使煤柱和巷道围岩避开峰值应力,处于较低的静载应力环境,煤柱宽度不宜超越 10.0 m。当煤柱宽度为 5.0~10.0 m 时,煤柱及巷道附近围岩均处于应力降低区,且应力峰值向煤体深部转移,远离了煤柱及巷道围岩。当煤柱宽度大于 10.0 m 时,煤柱内支承应力峰值逐渐增加,处于应力增高区,巷道两侧围岩均存在应力增高区。基于以上分析,确定此类条件下区段煤柱宽度为 5.0~10.0 m。与试验区段煤柱 19.5 m 相比,节省了 9.5~14.5 m 宽的煤柱,且围岩静载应力显著降低。

(3) 让压支护技术

依据"让压支护减波承载技术",在麻家梁煤矿某工作面进行了试验,采用单炮让压锚杆代替普通螺纹钢锚杆对回风巷Ⅱ进行巷内让压支护处理,现场施工方案如图 5-10 所示。锚杆支护材料及参数见表 5-1,对于普通螺纹钢锚杆支护断面,采用 19 根锚杆,3 根钢绞线锚索,对于让压锚杆支护断面,采用 14 根单

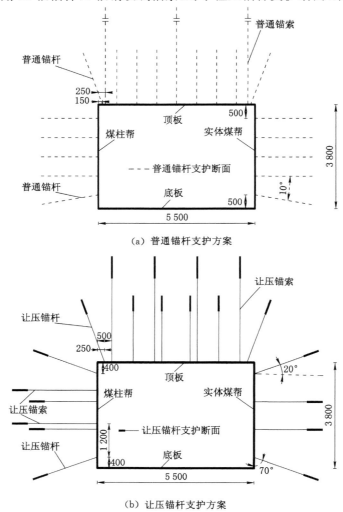

(a) 普通锚杆支护方案

(b) 让压锚杆支护方案

图 5-10　让压支护现场施工方案

炮让压锚杆和 6 根双炮让压锚索。单炮让压管长度为 40 mm,让压距离为 30 mm,让压载荷为 150～180 kN;双炮让压管长度为 60 mm,让压距离为 50 mm,让压载荷为 200～250 kN。

表 5-1　让压锚杆支护材料及参数

参数	普通锚杆（螺纹钢）		让压锚杆（螺纹钢）		
支护体	锚杆	锚索	锚杆	锚索	锚索
作用位置	顶板、帮部	顶板	顶板、帮部	顶板	煤柱帮
直径/mm	20.0	17.8	22.0	22.0	22.0
长度/mm	2 400	9 000	2 400	9 000	5 300
间距/mm	700	2 500	850	1 500	1 200
排距/mm	800	800	800	800	800
破断载荷/kN	150	380	240	550	550
备注	HRB335	19 箍钢绞线	HRB500	19 箍钢绞线	19 箍钢绞线

让压锚杆配套装备由阻尼螺母、减磨垫圈、承载钢垫圈、单炮让压管、球形钢托盘(150 mm×150 mm×10 mm)、方形钢带托盘(300 mm×300 mm×3.75 mm)和螺纹钢锚杆组成,如图 5-11(a)所示。让压锚索配套装备由锁具、双炮让压管、球形钢托盘(300 mm×300 mm×14 mm)和锚索组成,如图 5-11(b)所示。锚杆预紧力不低于 40 kN,锚索预紧力不低于 100 kN。锚杆采用一支 K2340 和一支 Z2360 的树脂锚固剂,锚索采用一支 K2340 和两支 Z2360 的树脂锚固剂。配套使用直径为 6.5 mm 的钢筋网和厚度为 3.4 mm 的 M 形钢带进行保护。

（a）让压锚杆配套结构
（b）让压锚索配套结构

图 5-11　让压锚杆配套装备

5.4.3 现场控制效果

（1）预裂控顶作用效果

以采动支承应力增加值和巷道累计变形为指标，分析预裂控顶对邻空巷道围岩大变形的作用效果。预裂控顶可显著降低采动邻空巷道煤柱内静载支承应力大小。现场 20 m 宽煤柱内采动支承应力演化规律如图 5-12 所示。无预裂控顶时，煤柱内采动支承应力增加值影响范围为工作面前方 34 m 至工作面后方 285 m，持续 319 m；工作面前方支承应力增加值具有持续时间短、频率低、幅值较低（10 MPa）的特点；工作面后方支承应力增加值具有持续时间长、频率高、

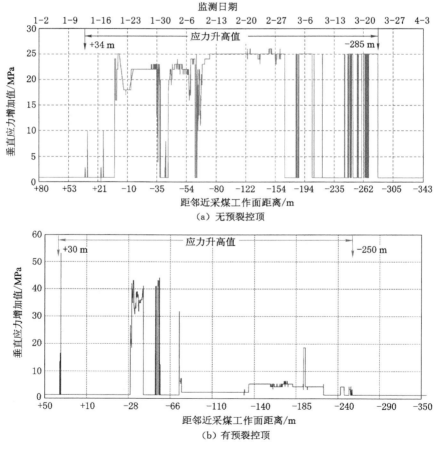

图 5-12 煤柱内采动支承应力演化规律

幅值较高(25 MPa)的特点。与之相比,有预裂控顶时,煤柱内采动支承应力增加值影响范围为工作面前方 30 m 至工作面后方 250 m,持续 280 m,减少了 39 m;工作面前方支承应力增加值具有持续时间短、频率低、幅值高(53 MPa)的特点,震荡次数显著减小;工作面后方支承应力增加值具有明显的分区特征,高频、高幅值震荡支承应力(达 40 MPa)发生在工作面后方 28~70 m;持续低幅值稳定支承应力(基本小于 5 MPa)发生在工作面后方 70 m 之后,采动支承应力增加值显著降低。

预裂控顶可显著减小采动邻空巷道大变形。煤柱宽度为 20 m、让压锚杆支护后的采动邻空巷道变形破坏特征如图 5-13 所示。无预裂控顶时,邻空巷道大变形以剧烈底鼓为主,煤柱帮底角内移,呈倒梯形分布形态,顶板和实体煤帮变形较小,局部较剧烈,顶板、煤柱帮、底板、实体煤帮累计变形量分别为 300 mm、460 mm、2 500 mm 和 280 mm,变形较剧烈。有预裂控顶时,邻空巷道变形量显著减小,以底鼓变形为主,顶板、两帮变形较小,呈矩形分布形态,顶板、煤柱帮、底板、实体煤帮累计变形量分别为 180 mm、260 mm、1 000 mm 和 210 mm,变形量分别减小了 40.00%、43.48%、60.00% 和 25.00%,控制效果显著。

(a) 无预裂控顶   (b) 有预裂控顶

图 5-13 实拍邻空巷道断面

(2)煤柱减宽作用效果

以巷道累计变形为指标,分析煤柱宽度对邻空巷道围岩大变形的作用规律,试验煤柱宽度分别为 5 m、20 m、40 m 和 60 m。减小煤柱宽度可显著减小采动邻空巷道断面收缩率(图 5-14)。随着煤柱宽度的增加,掘进时期邻空巷道断面收缩率呈先减小后稳定的变化趋势,但相差不大,显著小于回采时的巷道断面收缩率;工作面回采时期邻空巷道断面收缩率呈先稳定后减小的变化规律,当煤柱宽度为 5 m 时,采动邻空巷道断面收缩率为 41%,显著小于煤柱宽度为 20~40 m 时的采动邻空巷道断面收缩率(56%~69%),大于煤柱宽度为

60 m时的采动邻空巷道断面收缩率(32%)。煤柱宽度减小可显著减小采动邻空巷道断面收缩率,验证了"煤柱减宽减载承波技术"的合理性。

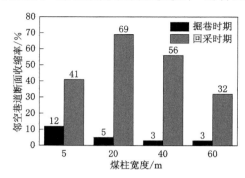

图 5-14　邻空巷道断面收缩率与煤柱宽度的关系

(3)让压支护作用效果

以现场拍摄锚杆变形破坏为指标,分析让压支护对邻空巷道围岩大变形的作用机制,无预裂控顶、煤柱宽度为 20 m 时的采动邻空巷道锚杆支护体变形破坏特征如图 5-15 所示。普通螺纹钢锚杆发生断裂破坏,难以形成合适的巷内围岩承载结构,支撑采动邻空巷道大变形。让压锚杆的让压管发生屈服破坏,锚杆支护体及其余部件仍然处于弹性承载状态,可以形成合适的巷内围岩承载结构,在允许巷道围岩适量变形释放变形能的同时,支撑残余变形能,阻止采动邻空巷道大变形。

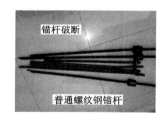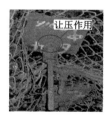

图 5-15　让压支护现场应用效果对比

5.5　本章小结

本章采用理论分析的方法,提出了以消波减载、减载承波和减波承载为基准的采动邻空巷道大变形控制原理,开发了动静载叠加作用下的采动邻空巷道控制技术体系。工业性试验结果表明,该控制体系可显著减小采动邻空巷道大变形。

(1)提出了消波减载、减载承波和减波承载的控制原理。改变覆岩承载结构消除动载应力源头,减小采空区侧向支承应力,实现消波减载的控制效果;改变煤柱宽度,减小巷道围岩静载应力大小,提高其承载波动瞬时动载应力的能力,实现减载承波的控制效果;改变支护体承载结构,吸收波动瞬时动载应力,承载长时采动支承应力,实现减波承载的控制效果。

(2)开发了预裂顶板、煤柱减宽和让压支护成套控制技术。提出用预钻孔松动爆破和水力致裂技术进行预裂控顶,用采动侧向支承应力分布规律进行煤柱减宽,用让压锚杆进行让压支护的控制方法,形成了动静载叠加作用下采动邻空巷道大变形的控制体系:"预裂控顶消波减载技术""煤柱减宽减载承波技术""让压支护减波承载技术"。

(3)现场控制效果显著。将研究成果应用于麻家梁煤矿采动邻空巷道,研究确定的巷道布置及支护技术有效地控制了巷道围岩变形。动载应力大小和静载应力大小减小,围岩变形量均显著减小。

6　结论、创新及展望

6.1　主要结论

　　本书以采动邻空巷道大变形为研究背景,在国内外专家学者的研究基础上,基于采矿学、岩石力学、弹塑性动力学和应力波动理论,综合采用理论分析、力学解析、物理模拟、数值计算、原位监测、现场试验的方法,解析了采动侧向硬顶活化型动载形成机理,揭示了侧向硬顶活化型动载时空演化机理,分析了活化型动载扰动邻空巷道大变形机理,开发了采动邻空巷道弱化动静载控制技术,提出并研发了"采动坚硬顶板结构活化动载形成机理""采动动荷系数层析成像预警技术""巷道围岩动载响应阈值求解算法""消波减载、减载承波和减波承载控制方法",为解决采动岩层移动及邻空巷道大变形的工程难题提供了科学依据,取得了以下主要研究成果。

　　(1)采动侧向硬顶活化型动载形成机理

　　靠近采空区的上部和下位坚硬顶板破断后形成相互作用的侧向铰接砌体承载结构,移动性支承应力使下位坚硬顶板端部铰接砌体结构失稳,该结构及其负载软弱岩层滑落压实采空区,失去了对上部坚硬顶板端部悬臂梁的支撑作用。该悬臂梁弯曲下沉引起侧向铰接砌体结构间的水平挤压力减小,上部侧向铰接砌体结构瞬间失稳,导致工作面前方邻近采空区上部侧向铰接砌体承载结构发生瞬时断裂运动和短时垮落运动,形成断裂型动载和冲击型动载。冲击型动载强度与工作面侧向长度、下位软弱岩层厚度、煤体碎胀系数和软弱岩层碎胀系数呈负相关关系,与工作面采高、坚硬顶板厚度、上部软弱岩层厚度、工作面采出率、上部悬臂长度比系数、上部坚硬顶板弹性模量及采空区底板围岩抗压刚度成正相关关系。断裂型动载强度与下位坚硬顶板厚度、上部悬臂长度比系数、上部悬臂梁自由端挠度比系数、下位坚硬顶板岩梁间挤压强度、摩擦角及上部坚硬顶板抗拉强度呈正相关关系，与上部坚硬顶板厚度呈线性负相关关系。

（2）侧向硬顶活化型动载时空演化机理

层间结构面以透射及反射同类型应力波为主，透射转换波透射系数接近于0，反射转换波反射系数普遍小于0.2。高密度比、高弹性模量比、高泊松比之比均可提高透射同类型波透射系数及反射同类型波反射系数；高密度、高弹性模量、高泊松比均可降低透射同类型波透射系数，提高反射同类型波反射系数；高层间结构面法向刚度、高应力波入射角度、低应力波入射频率可提高透射同类型波透射系数，降低反射同类型波反射系数。均质煤岩体内的应力波随传播距离的增加呈负指数规律衰减，衰减速度较快，随煤岩体强度的增加衰减幅度呈减小趋势。传播距离对动载应力波的衰减作用大于层间结构面对动载应力波的衰减作用，随垂直间距的增加，动载应力波作用范围呈增加趋势，作用强度呈显著减小趋势。基于此，提出了"采动动荷系数层析成像预警技术"。

（3）活化型动载扰动邻空巷道大变形机理

在稳定长时侧向支承应力场、移动短时超前支承应力场以及波动瞬时动载应力场叠加作用下，巷道围岩基于不同静载应力状态下承受循环瞬时加卸载作用，应力平衡被打破，围岩弹塑性承载状态发生转变，浅部已破坏塑性承载区围岩集聚塑性变形能，产生塑性大变形，释放塑性变形能，深部弹性承载区围岩集聚弹性变形能，产生弹性变形，释放弹性变形能。循环加卸载作用使部分弹性承载区进入塑性承载状态，部分弹性变形能被释放，产生新的塑性大变形，围岩变形进一步被加大，此类破坏过程由浅及深地演化，直至巷道围岩重新进入应力平衡承载状态。高动载幅值可显著提高巷道围岩应力降低区范围、应力升高区范围、加速度大小、塑性区范围和位移大小。随着静载的增加，巷道围岩"应力三区"、加速度大小、塑性区范围、位移大小对动载幅值的响应敏感性程度显著提高。巷道围岩动载应力扰动强度、位移扰动强度、塑性区扰动强度、加速度扰动强度对动载幅值的响应敏感性程度由大到小分别为帮部＞顶板＞底板、顶板＞帮部＞底板、帮部＞顶板＞底板、顶板＞帮部＞底板。围岩动载扰动强度及其波动范围随着距巷道表面距离的增加呈减小趋势，随动载幅值的增加呈增加趋势。随着静载应力的增加，"动载扰动阈值"呈似线性增加趋势，"动载大变形阈值"呈减小趋势，减幅逐渐减小。将特定静载状态下巷道围岩承载的动载划分为轻微扰动型、中等扰动型和剧烈冲击型。

（4）采动邻空巷道弱化动静载控制技术

提出了以消波减载、减载承波和减波承载为基准的采动邻空巷道大变形控制原理，改变覆岩承载结构消除动载应力源，减小采空区侧向支承应力，实现消波减载；改变煤柱宽度，减小巷道围岩静载应力大小，提高其承载波动瞬时动载应力的能力，实现减载承波；改变支护体承载结构，吸收波动瞬时动载应力，承载长时采动支承应力，实现减波承载。开发了预裂顶板、煤柱减宽和让压支护成套控制技术。提出用预钻孔松动爆破和水力致裂技术进行预裂控顶，用采动侧向支承应力进行煤柱减宽，用让压锚杆进行让压支护的控制方法，形成了采动动静载叠加作用下邻空巷道大变形的控制体系："预裂控顶消波减载技术""煤柱减宽减载承波技术""让压支护减波承载技术"。将研究成果应用于麻家梁煤矿采动邻空巷道大变形控制，使动载应力和静载应力减小，围岩变形量显著减小，研究确定的巷道布置及支护技术有效地控制了巷道围岩大变形。

6.2　主要创新

（1）解析分析了"采动侧向硬顶活化型动载形成机理"，建立了工作面前方邻空侧向硬顶结构活化力学模型和相似模型，确定了采动诱导结构失稳及断裂产生动载的判据，推导了结构活化产生的"冲击型动载"和"断裂型动载"强度解析解，获得了"冲击型动载"和"断裂型动载"强度的主要影响因素和影响规律。

（2）研究提出了"采动动荷系数层析成像预警技术"，建立了动载应力在层间结构面内的力学传播模型和在均质岩体内的数学衰减模型，获得了动载强度衰减的主要影响因素和影响规律，求解了动载应力穿越多组层间结构面和均质岩层时的解析解，揭示了任意岩层内的动载应力时空分布规律。

（3）模拟开发了"巷道围岩动载响应阈值求解算法"，建立了动静耦合解析分析数值模型，求解得到了"动载扰动阈值"和"动载大变形阈值"的变化规律，将动载作用强度划分为轻微扰动型、中等扰动型和剧烈冲击型。

（4）分析提出了"消波减载、减载承波和减波承载控制原理"，形成了动静多应力场叠加作用下采动邻空巷道大变形的控制体系："预裂控顶消波减载""煤柱减宽减载承波""让压支护减波承载"技术。

6.3   研究展望

针对采动邻空巷道大变形机理及其控制难题,开展了采动侧向硬顶板活化动载形成机理、侧向硬顶活化型动载时空演化机理、活化型动载扰动邻空巷道大变形机理以及采动邻空巷道弱化动静载控制技术的研究,获得了有益的科研结论。考虑地质条件及课题涉及学科的复杂度,本课题仍需进一步研究:

(1)动载产生。需要进一步研究邻空巷道更上部坚硬岩层组的结构特征、运动特征、动载特征,探讨采动邻空巷道覆岩坚硬岩层组的活化规律,弄清楚主控岩层的活化机制,建立动载源的量化分析模型。

(2)动载传播。需要开发相应的原位监测技术,以动载应力为监测指标,实测动载应力波在煤系地层中的传播衰减规律,建立煤岩组合相似物理模型实验,开发高频监测技术,实验监测动载应力波穿越层间结构面时的衰减规律。

(3)动载响应。巷道动载响应阈值的确定仅考虑了塑性大变形单一指标,忽略了围岩强度、支护强度的变化影响,对于动载特征参数的分析仅局限于动载强度,需要研究振动频率、作用时间、作用方向对围岩动载扰动强度的影响规律。

(4)动载控制。需要开发相应的原位监测技术,实测预裂控顶的消波效果、煤柱减宽的承波效果以及让压支护的减波效果。需要试验测试让压锚杆配套装备的刚度和强度匹配特性对减波效果的影响程度。

参 考 文 献

[1] 朱明,何勇健.《能源发展"十三五"规划》解读[J].国家电网,2017(2):44-47.

[2] 逆流."十三五"能源规划猜想[J].矿业装备,2014(10):90-91.

[3] 能源"十三五"初定"五基两带"大格局[J].海洋石油,2014(4):33.

[4]《能源发展"十三五"规划》发布[J].中国电业,2017(1):4.

[5] 郭海涛.2016年中国能源政策调整方向及重点研判[J].国际石油经济,2016(2):1-7.

[6] 郑轶文.规划能源"十三五"要重实效[N/OL].中国能源报,2014-10-27.http://paper.people.com.cn/zgnyb/html/2014-10/27/content_1492858.htm.

[7] 陈士恒.论深矿井开采出现的问题及防治措施[J].中小企业管理与科技(中旬刊),2013(12):55-56.

[8] 方新秋,窦林名,柳俊仓,等.大采深条带开采坚硬顶板工作面冲击矿压治理研究[J].中国矿业大学学报,2006,35(5):602-606.

[9] 佘诗刚,林鹏.中国岩石工程若干进展与挑战[J].岩石力学与工程学报,2014,33(3):433-457.

[10] 滕艳.我国启动深地资源勘查开采专项研究[N/OL].中国国土资源报,2016-03-25.http://www.cgs.gov.cn/xwl/ddyw/201603/t20160329_316716.html.

[11] 康红普.煤矿井下应力场类型及相互作用分析[J].煤炭学报,2008,33(12):1329-1335.

[12] 孔令海,姜福兴,刘杰,等.特厚煤层综放工作面区段煤柱合理宽度的微地震监测[J].煤炭学报,2009,34(7):871-874.

[13] 刘金海,曹允钦,魏振全,等.深井厚煤层采空区迎采动隔离煤柱合理宽度

研究[J].岩石力学与工程学报,2015,34(增刊2):4269-4277.

[14] 余学义,王琦,赵兵朝,等.大采高双巷布置工作面巷间煤柱合理宽度研究[J].岩石力学与工程学报,2015,34(增刊1):3328-3336.

[15] 张科学.深部煤层群沿空掘巷护巷煤柱合理宽度的确定[J].煤炭学报,2011,36(增刊1):28-35.

[16] BAI J B,SHEN W L,GUO G L,et al. Roof deformation,failure characteristics,and preventive techniques of gob-side entry driving heading adjacent to the advancing working face[J]. Rock mechanics and rock engineering,2015,48(6):2447-2458.

[17] ESTERHUIZEN G S,GEARHART D F,TULU I B. Analysis of monitored ground support and rock mass response in a longwall tailgate entry[J]. International journal of mining science and technology,2018,28(1):43-51.

[18] TAKASHI T,KIRIYAMA S,KATO T. Jointing of two tunnel shields using artificial underground freezing[J]. Developments in geotechnical engineering,1979,13(1-4):519-529.

[19] WANG D N,RAUSCH A,LI S,et al. Sensors and simulation cooperative module based information management command system in mine dynamic disaster prevention [J]. Advances in transdisciplinary engineering,2014(1):627-634.

[20] PATYNSKA R. The consequences of the rock burst hazard in the Silesian companies in Poland[J]. Acta geodynamica et geromaterialia,2013,10(2):227-235.

[21] 欧阳振华,齐庆新,张寅,等.水压致裂预防冲击地压的机理与试验[J].煤炭学报,2011,36(增刊2):321-325.

[22] MU Z L,DOU L M,HE H,et al. F-structure model of overlying strata for dynamic disaster prevention in coal mine[J]. International journal of mining science & technology,2013,23(4):513-519.

[23] MINKLEY W,MENZEL W. Pre-calculation of a mine collapse rock burst at Teutschenthal on 11 September 1996[J]. International society of rock mechanics and rock engineering,1999(1):1115-1118.

[24] LAI X P,CAI M F,REN F H,et al. Study on dynamic disaster in steeply

deep rock mass condition in Urumchi coalfield[J]. Shock and vibration, 2015,2015:1-8.

[25] HAN C L,ZHANG N,LI B Y,et al. Pressure relief and structure stability mechanism of hard roof for gob-side entry retaining[J]. J. Cent. South Univ. ,2015,22(11):4445-4455.

[26] 李少刚,李大勇,孙中光.浅埋旺采工作面厚层坚硬顶板裂纹产生至大面积冒落时间差研究[J].采矿与安全工程学报,2013,30(4):538-541,547.

[27] LIN C,DENG J Q,LIU Y R,et al. Experiment simulation of hydraulic fracture in colliery hard roof control[J]. Jonrnal of petroleum science and engineering,2016,138(49):265-271.

[28] SHEN W L,WANG M, CAO Z Z,et al. Mining-induced failure criteria of interactional hard roof structures:a case study[J]. Energies,2019,12(15):1-17.

[29] PANG X F,ZHANG K X. Study on characteristics of energy for hard roof fracture in island workface[J]. Advanced materials research,2013(734-737):694-697.

[30] TAN Y L,LIU G R,MA H L. Prevention of catastrophe caused by hard roof weighting[J]. Progress in safety science and technology,2006(6):1767-1771.

[31] TAN Y L,YU F H,NING J G,et al. Design and construction of entry retaining wall along a gob side under hard roof stratum[J]. International journal of mining science and technology,2015,77(7):115-121.

[32] 谢和平.深部岩体力学与开采理论研究进展[J].煤炭学报,2019,44(5):1283-1305.

[33] DOLEŽEL V,PROCHAZKA P. Rock bumps due to the creation of a dislocation during deep mining[J]. Wit transactions on modeling and simulation,2007,46:893-902.

[34] JOOSTE Y,MALAN D F. Rock engineering aspects of a modified mining sequence in a dip pillar layout at a deep gold mine[J]. Journal of the South African institute of mining and metallurgy,2015,115(11):1097-1112.

[35] KRAL S. Mining at Deep Post-Newmont's newest underground mine

[J]. Mining engineering,2001,53(12):25-29.

[36] MILEA A M,SPOTTISWOODE S M,STEWART R D. Dynamic response of the rock surrounding deep level mining excavations[C]//Ninth International Congress on Rock Mechanics,1999. [S. l.:s. n.],1999:1109-1114.

[37] OPARIAN V N,AINBINDER I I,RODIONOV Y I,et al. Concept of a mine of tomorrow for deep mining at gentle copper-and-nickel deposits [J]. Journal of mining science,2007,43(6):646-654.

[38] PYTEL W,PAŁAC-WALKO B. Geomechanical safety assessment for transversely isotropic rock mass subjected to deep mining operations[J]. Canadian geotechnical journal,2015,52(10):1477-1489.

[39] RASSKAZOV I Y,KURSAKIN G A,POTAPCHUK M I,et al. Geomechanical assessment of deep-level mining conditions in the Yuzhnoe complex ore deposit[J]. Journal of mining science,2012,48(5):874-881.

[40] WILLIS P H. Technologies required for safe and profitable deep level gold mining,South Africa[J]. Cim Bulletin,2000,93:151-155.

[41] XU G Y,GU D S,LI J X,et al. Ground pressure control of continuous mining method in deep metal mines[J]. Mining science and technology,2004(S1):81-86.

[42] COLITTI M,SIMEONI C. The oil revolution[M]//Perspectives of oil and gas:the road to interdependence. Berlin:Springer Netherlands,1996:73-90.

[43] 史婧力.下一次石油革命意味着什么[J].中国船检,2012(8):52.

[44] 何建宇.国际石油市场格局变化及应对[J].宏观经济管理,2013(10):61-63.

[45] 段光正.能源革命:本质探究及中国的选择方向[D].开封:河南大学,2016.

[46] KORTELAINEN M,MCDONNELL J,NAZAREWICZ W,et al. Nuclear energy density optimization:shell structure[J]. Physical review C,2011,82(2):2556-2562.

[47] WEINBERG A M,YOUNG G. The nuclear energy revolution:1966[J]. Proceedings of the national academy of sciences,1967,57(1):1-15.

[48] ANDERSEN G. The new energy revolution[J]. State legislatures,2014, 40(2):20.

[49] HOFFMAN J. Green:your place in the new energy revolution[J]. Sirirajmedj com,2008,255(16):44.

[50] JACKSON F. China's renewable energy revolution[J]. Renewable energy focus,2011,12(6):16-18.

[51] 王永炜. 中国煤炭资源分布现状和远景预测[J]. 煤,2007,16(5):44-45.

[52] ALEKSEENKO O P, VALSMAN A M. Direct measurement of rock pressure in mine conditions by hydraulic fracturing method[J]. Journal of mining science,2003,39(5):475-481.

[53] FAN K G,XIAO T Q. Behavior characters and control of underground pressure of fully mechanized sublevel caving mining in deep mine[J]. International symposium on mining science and safety technology,2007 (4):2832-2839.

[54] LIU Y J,WANG X M. Accident analysis and prevention measure of dynamic load mine pressure of the 31201 fully mechanized working face of Shigetai coal mine[C]//2015 International Conference on Energy,Materials and Manufacturing Engineering(Emme 2015).[S. l. :s. n.],2015.

[55] SONG Z Q,JIANG J Q,SUN X M,et al. The structure model and its application to proof rock pressure control in gateways of a deep mine[J]. Mining science and technology,1999,99:9-14.

[56] TIAN Z C,LIU Y J,WANG W C,et al. Study on pressure observation of fully mechanized caving faces in coal seams with rock burst danger in Xiagou coal mine[J]. Applied mechanics & materials,2014,580-583: 1331-1334.

[57] TODERAS M. Assessment of the mining pressure around the main horizontal mine workings by involving the rheological behavior of the surrounding rocks[C]//14th International Multidisci-plinary Scientific Geo-Conference SGEM 2014. Exploration and mining,2014(3):55-62.

[58] ZHANG S J,LI C W,NIE B S,et al. Ground pressure behavior law at fully-mechanized face in Fenxi-Shuguang coal mine[J]. Procedia earth and planetary science,2009(1):275-280.

［59］任艳芳,宁宇.浅埋煤层长壁开采超前支承压力变化特征［J］.煤炭学报,
2014,39(增刊1):38-42.

［60］TAN Y L, LIU X S, NING J G, et al. Front abutment pressure concen-
tration forecast by monitoring cable-forces in the roof［J］. International
journal of rock mechanics and mining sciences, 2015, 77:202-207.

［61］SHEN W L, BAI J B, LI W F, et al. Prediction of relative displacement
for entry roof with weak plane under the effect of mining abutment stress
［J］. Tunnelling and underground space technology, 2018, 71:309-317.

［62］YANG W, LIN B Q, QU Y A, et al. Stress evolution with time and space
during mining of a coal seam［J］. International journal of rock mechanics
and mining sciences, 2011, 48:1145-1152.

［63］TAN Y L, ZHANG Z, MA C L. Rock burst disaster induced by mining
abutment pressure［J］. Disaster Advances, 2012, 5(4):378-382.

［64］YAO Q L, ZHOU J, LI Y N, et al. Distribution of side abutment stress in
roadway subjected to dynamic pressure and its engineering application
［J］. Shock & Vibration, 2015, 2015(9):1-11.

［65］ZHANG N, ZHANG N C, HAN C L, et al. Borehole stress monitoring
analysis on advanced abutment pressure induced by longwall mining［J］.
Arab J Geosci, 2014, 7(2):457-463.

［66］ZHU S T, FENG Y, JIANG F X. Determination of abutment pressure in
coal mines with extremely thick alluvium stratum:a typical kind of rock-
burst mines in China［J］. Rock mechanics and rock engineering, 2016,
49(5):1943-1952.

［67］CHO S H, NAKAMURA Y, KANEKO K. Dynamic fracture process
analysis of rock subjected to a stress wave and gas pressurization［J］. In-
ternational journal of rock mechanics and mining sciences, 2004, 41(3):
439-439.

［68］KIM K S, PARK J B. Elastic-plastic dynamic fracture analysis of struc-
tural elements due to stress wave propagation［C］//Proceedings of the
Eighth International Offshore and Polar Engineering Conference. ［S. l. :
s. n.],1998.

［69］ZHAO J, CAI J G, ZHAO X B, et al. Dynamic model of fracture normal behaviour and application to prediction of stress wave attenuation across fractures[J]. Rock mechanics and rock engineering,2008,41(5):671-693.

[70] BERER M,MAJOR Z,PINTER G,et al. Investigation of the dynamic mechanical behavior of polyetheretherketone(PEEK) in the high stress tensile regime[J]. Mechanics of time-dependent materials,2014,18(4): 663-684.

[71] CHAPIN L M,EDGAR L T,BLANKMAN E,et al. Mathematical modeling of the dynamic mechanical behavior of neighboring sarcomeres in actin stress fibers[J]. Cellular & molecular bioengineering,2014,7(1): 73-85.

[72] LI T X,ZHANG Y,JIANG L H. Dynamic mechanical behavior of concrete under uniaxial stress[J]. Applied mechanics and materials,2012, 166-169:3273-3276.

[73] SCRIVANI T,BENAVENTE R,PÉREZ E,et al. Stress-strain behaviour,microhardness,and dynamic mechanical properties of a series of ethylene-norbornene copolymers[J]. Macromolecular chemistry and physics, 2001,202(12):2547-2553.

[74] 钱鸣高,石平五,许家林.矿山压力与岩层控制[M].徐州:中国矿业大学出版社,2010.

[75] 于洋.特厚煤层坚硬顶板破断动载特征及巷道围岩控制研究[D].徐州:中国矿业大学,2015.

[76] 冯飞胜.综放采场"O-S"型覆岩结构转化及应用研究[D].淮南:安徽理工大学,2015.

[77] 钱鸣高,缪协兴,许家林.岩层控制中的关键层理论研究[J].煤炭学报, 1996,21(3):225-230.

[78] 钱鸣高,张顶立,黎良杰,等.砌体梁的"S-R"稳定及其应用[J].矿山压力与顶板管理,1994,11(3):6-11.

[79] 许家林.岩层移动与控制的关键层理论及其应用[D].徐州:中国矿业大学,1999.

[80] 姜福兴,宋振骐,宋扬.老顶的基本结构形式[J].岩石力学与工程学报, 1993,12(4):366-379.

[81] 卢国志,汤建泉,宋振骐.传递岩梁周期裂断步距与周期来压步距差异分析

[J].岩土工程学报,2010,32(4):538-541.

[82] 汤建泉,卢国志,闫立章.传递岩梁理论中岩梁初次断裂与初次来压步距差异分析[C]//第四届深部岩体力学与工程灾害控制学术研讨会暨中国矿业大学(北京)百年校庆学术会议论文集.北京:[出版者不详],2009.

[83] NOMIKOS P P, SOFIANOS A I, TSOUTRELIS C E. Structural response of vertically multi-jointed roof rock beams[J]. International journal of rock mechanics and mining sciences,2002,39(1):79-94.

[84] 钱鸣高,缪协兴.采场上覆岩层结构的形态与受力分析[J].岩石力学与工程学报,1995,14(2):97-106.

[85] 朱德仁,钱鸣高,徐林生.坚硬顶板来压控制的探讨[J].煤炭学报,1991,16(2):11-20.

[86] 缪协兴.自然平衡拱与巷道围岩的稳定[J].矿山压力与顶板管理,1990,7(2):55-57,72.

[87] HUANG Z P,BROCH E,LU M. Cavern roof stability-mechanism of arching and stabilization by rockbolting[J]. Tunnelling and underground space technology,2002,17(3):249-261.

[88] 杜晓丽.采矿岩石压力拱演化规律及其应用的研究[D].徐州:中国矿业大学,2011.

[89] 梁晓丹,刘刚,赵坚.地下工程压力拱拱体的确定与成拱分析[J].河海大学学报(自然科学版),2005,33(3):314-317.

[90] 钱鸣高,赵国景.老顶断裂前后的矿山压力变化[J].中国矿业学院学报,1986,15(4):14-22.

[91] 杨永康.特厚煤层大采高综放采场覆岩移动规律及围岩控制研究[M].北京:煤炭工业出版社,2014.

[92] 谭云亮.矿山压力与岩层控制[M].北京:煤炭工业出版社,2011.

[93] 王树仁,HAGAN P,程岩,等.岩板断裂铰接成拱过程及其失稳特征试验研究[J].岩石力学与工程学报,2012,31(8):1674-1679.

[94] 史红.综采放顶煤采场厚层坚硬顶板稳定性分析及应用[D].青岛:山东科技大学,2005.

[95] 张磊.硬岩层状顶板失稳规律与支护技术研究[D].长沙:中南大学,2010.

[96] 姚顺利.巨厚坚硬岩层运动诱发动力灾害机理研究[D].北京:北京科技大学,2015.

[97] 庞绪峰.坚硬顶板孤岛工作面冲击地压机理及防治技术研究[D].北京:中国矿业大学(北京),2013.

[98] 吴锋锋.厚煤层大采高综采采场覆岩破断失稳规律及控制研究[D].徐州:中国矿业大学,2014.

[99] 黄汉富.薄基岩综放采场覆岩结构运动与控制研究[D].徐州:中国矿业大学,2012.

[100] 潘岳,顾士坦.周期性来压坚硬顶板裂纹萌生初始阶段的弯矩、剪力、挠度和应变能变化分析[J].岩石力学与工程学报,2014,33(6):1123-1134.

[101] 潘岳,顾士坦,戚云松.周期来压前受超前隆起分布荷载作用的坚硬顶板弯矩和挠度的解析解[J].岩石力学与工程学报,2012,31(10):2053-2063.

[102] 潘岳,顾士坦,戚云松.初次来压前受超前增压荷载作用的坚硬顶板弯矩、挠度和剪力的解析解[J].岩石力学与工程学报,2013,32(8):1544-1553.

[103] 潘岳,顾士坦,王志强.煤层塑性区对坚硬顶板力学特性影响分析[J].岩石力学与工程学报,2015,34(12):2486-2499.

[104] 潘岳,王志强,李爱武.初次断裂期间超前工作面坚硬顶板挠度、弯矩和能量变化的解析解[J].岩石力学与工程学报,2012,31(1):32-41.

[105] 柏建彪.综放沿空掘巷围岩稳定性原理及控制技术研究[D].徐州:中国矿业大学,2002.

[106] 陈勇.沿空留巷围岩结构运动稳定机理与控制研究[D].徐州:中国矿业大学,2012.

[107] 武占星.超前预裂坚硬顶板巷旁无充填留巷技术研究与应用[D].邯郸:河北工程大学,2012.

[108] 许兴亮,魏灏,田素川,等.综放工作面煤柱尺寸对顶板破断结构及裂隙发育的影响规律[J].煤炭学报,2015,40(4):850-855.

[109] 杨敬轩,刘长友,于斌,等.坚硬厚层顶板群结构破断的采场冲击效应[J].中国矿业大学学报,2014,43(1):8-15.

[110] 窦林名,何江,曹安业,等.动载诱发冲击机理及其控制对策探讨[C]//中国煤炭学会成立五十周年高层学术论坛文集.北京:[出版者不详],2012.

[111] 李振雷.厚煤层综放开采的降载减冲原理及其工程实践[D].徐州:中国矿业大学,2016.

[112] 曹安业,窦林名.采场顶板破断型震源机制及其分析[J].岩石力学与工程

学报,2008,27(增刊2):3833-3839.

[113] 李新元,马念杰,钟亚平,等.坚硬顶板断裂过程中弹性能量积聚与释放的分布规律[J].岩石力学与工程学报,2007,26(增刊1):2786-2793.

[114] 李夕兵,陈寿如.应力波在层状矿岩结构中传播的新算法[J].中南矿冶学院学报,1993,24(6):738-742.

[115] 李夕兵.岩石动力学基础与应用[M].北京:科学出版社,2014.

[116] 徐平,夏唐代.弹性波在准饱和土和弹性土界面的反射与透射[J].力学与实践,2006,28(6):58-63.

[117] 彭府华,李庶林,程建勇,等.中尺度复杂岩体应力波传播特性的微震试验研究[J].岩土工程学报,2014,36(2):312-319.

[118] 崔新壮,陈士海,刘德成.在裂隙岩体中传播的应力波的衰减机理[J].工程爆破,1999,5(1):18-21.

[119] 田振农,李世海,肖南,等.应力波在一维节理岩体中传播规律的试验研究与数值模拟[J].岩石力学与工程学报,2008,27(增刊1):2687-2693.

[120] 卢爱红,茅献彪,张连英.应力波在岩体中传播的叠加效应[J].徐州工程学院学报(自然科学版),2008,23(3):74-79.

[121] 卢文波.应力波与可滑移岩石界面间的相互作用研究[J].岩土力学,1996,17(3):70-75.

[122] 王观石,李长洪,陈保君,等.应力波在非线性结构面介质中的传播规律[J].岩土力学,2009,30(12):3747-3752.

[123] BARTON N,BANDIS S,BAKHTAR K. Strength,deformation and conductivity coupling of rock joints[J]. International journal of rock mechanics and mining sciences & geomechanics abstracts,1985,22(3):121-140.

[124] 饶宇,赵根,吴新霞,等.应力波入射黏弹性节理的传播特性研究[J].岩土工程学报,2016,38(12):2237-2245.

[125] LI J C,MA G W. Analysis of blast wave interaction with a rock joint [J]. Rock Mech. Rock Eng. ,2010,43(6):777-787.

[126] 周钟,王肖钧,刘文韬,等.岩石的损伤软化对应力波传播的影响[J].中国科学技术大学学报,2003,33(3):337-344.

[127] 褚怀保,杨小林,侯爱军,等.煤体中爆炸应力波传播与衰减规律模拟实验研究[J].爆炸与冲击,2012,32(2):185-189.

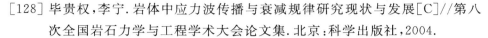

[128] 毕贵权,李宁.岩体中应力波传播与衰减规律研究现状与发展[C]//第八次全国岩石力学与工程学术大会论文集.北京:科学出版社,2004.

[129] 王鲁明,赵坚,华安增,等.节理岩体中应力波传播规律研究的进展[J].岩土力学,2003,24(增刊2):602-605,610.

[130] 俞缙,钱七虎,赵晓豹.岩体结构面对应力波传播规律影响的研究进展[J].兵工学报,2009(增刊2):308-316.

[131] 唐礼忠,高龙华,王春,等.动力扰动下含软弱夹层巷道围岩稳定性数值分析[J].采矿与安全工程学报,2016,33(1):63-69.

[132] 张晓春,卢爱红,王军强.动力扰动导致巷道围岩层裂结构及冲击矿压的数值模拟[J].岩石力学与工程学报,2006,25(增刊1):3110-3114.

[133] 秦昊,茅献彪,张光振,等.巷道围岩动载失稳数值分析[J].煤炭科技,2008(1):26-27.

[134] 刘书贤,刘少栋,魏晓刚,等.基于ANSYS/LS-DYNA的矿区地下巷道三维动力响应分析[J].地震研究,2016,39(1):22-27.

[135] 左宇军,唐春安,李术才.含不连续面巷道的动力破坏过程数值分析[J].地下空间与工程学报,2008,4(4):595-599.

[136] 卢爱红,茅献彪,赵玉成.动力扰动诱发巷道围岩冲击失稳的能量密度判据[J].应用力学学报,2008,25(4):602-606.

[137] 高富强,高新峰,康红普.动力扰动下深部巷道围岩力学响应FLAC分析[J].地下空间与工程学报,2009,5(4):680-685.

[138] 陈春春,左宇军,朱德康.动力扰动下深部巷道围岩分区破裂数值试验[J].金属矿山,2011(增刊):128-131.

[139] 胡毅夫,聂峥,邓丽凡,等.动力扰动下深部巷道围岩的力学响应及控制[J].世界科技研究与发展,2016,38(2):330-335.

[140] 李夕兵,廖九波,赵国彦,等.动力扰动下高应力巷道围岩动态响应规律[J].科技导报,2012,30(22):48-54.

[141] 温颖远,牟宗龙,易恩兵,等.动力扰动下不同硬度煤层巷道围岩响应特征研究[J].采矿与安全工程学报,2013,30(4):555-559.

[142] 刘向峰,于永江,梁鑫.地震波频率对巷道围岩动力响应的影响[J].辽宁工程技术大学学报,2006,25(4):500-502.

[143] 姜耀东,赵毅鑫,宋彦琦,等.放炮震动诱发煤矿巷道动力失稳机理分析[J].岩石力学与工程学报,2005,24(17):3131-3136.

[144] 刘冬桥,王炀,胡祥星,等.动载诱发冲击地压巷道围岩应力计算与试验分析[J].煤炭科学技术,2015,43(9):42-46,116.

[145] 陈国祥,窦林名,高明仕,等.动力挠动对回采巷道冲击危险的数值模拟[J].采矿与安全工程学报,2009,26(2):153-157.

[146] 陶连金,许淇,李书龙,等.不同埋深的山岭隧道洞身段地震动力响应振动台试验研究[J].工程抗震与加固改造,2015,37(6):1-7,45.

[147] 蔡武.断层型冲击矿压的动静载叠加诱发原理及其监测预警研究[D].徐州:中国矿业大学,2015.

[148] 冯申铎.锚喷支护在动载条件下的应用及其设计原则[J].有色金属(矿山部分),1985,37(4):41-47,26.

[149] 王正义,窦林名,王桂峰.动载作用下圆形巷道锚杆支护结构破坏机理研究[J].岩土工程学报,2015,37(10):1901-1909.

[150] 王凯兴,孟村影,杨月,等.块系覆岩中摆型波传播对巷道支护动力响应影响[J].煤炭学报,2014,39(2):347-352.

[151] 陈建功.锚杆-围岩结构系统低应变动力响应理论与应用研究[D].重庆:重庆大学,2006.

[152] 陈建功,张永兴,李英民.完整锚杆低应变动力响应问题的半解析解及分析[J].世界地震工程,2004,20(3):56-61.

[153] 曾鼎华,王闪闪.完整锚杆横向动力响应问题的求解与分析[J].地下空间与工程学报,2010,6(4):742-746.

[154] 贾斌.锚杆岩土体系统地震动力响应分析[D].重庆:重庆大学,2010.

[155] 王光勇,徐平,李桂林.爆炸荷载作用下锚杆动载响应和加固机理数值分析[J].工程爆破,2008,14(4):5-8,33.

[156] 李祁,王皓,潘一山,等.冲击载荷作用下巷道支护围岩体系动力响应[J].辽宁工程技术大学学报(自然科学版),2014,33(2):213-217.

[157] 宋希贤,左宇军,王宪.动力扰动下深部巷道卸压孔与锚杆联合支护的数值模拟[J].中南大学学报(自然科学版),2014,45(9):3158-3165.

[158] 薛亚东,张世平,康天合.回采巷道锚杆动载响应的数值分析[J].岩石力学与工程学报,2003,22(11):1903-1906.

[159] 陈建功,张永兴.锚杆系统低应变动力响应的数值模拟分析[J].岩土力学,2007,28(增刊):730-736.

[160] 周胜兵.动载作用下邻近巷道围岩动态响应与支护参数的研究[D].淮

南:安徽理工大学,2008.

[161] 黄东.高地应力与爆破动载作用下喷锚支护结构响应特性数值模拟研究[D].长沙:中南大学,2011.

[162] 唐思聪.浅埋隧道洞口段地震动力响应及锚杆参数优化研究[D].成都:西南交通大学,2014.

[163] 魏明尧,王恩元,刘晓斐.新型加固结构对深部巷道动力扰动缓冲效应的数值模拟分析[J].采矿与安全工程学报,2015,32(5):741-747.

[164] 曾宪明,杜云鹤,李世民.土钉支护抗动载原型与模型对比试验研究[J].岩石力学与工程学报,2003,22(11):1892-1897.

[165] 黎小毛,钱海,胡祥超,等.地下巷道支护钢拱架动力响应测量与分析[J].煤矿安全,2015,46(2):182-185.

[166] 汪北方.大安山煤矿深部巷道动载条件让压支护技术研究[D].阜新:辽宁工程技术大学,2013.

[167] 王红胜.沿空巷道窄帮蠕变特性及其稳定性控制技术研究[D].徐州:中国矿业大学,2011.

[168] KANG J Z,SHEN W L,BAI J B,et al. Vertical stress field and rock stability around the entry under close residual coal pillar[J]. Electronic journal of geotechnical engineering,2016,21(3):1207-1224.

[169] 刘鸿文,林建兴,曹曼玲.高等材料力学[M].北京:高等教育出版社,1985.

[170] 屠世浩.岩层控制的实验方法与实测技术[M].徐州:中国矿业大学出版社,2010.

[171] 王礼立.应力波基础[M].北京:国防工业出版社,2005.

[172] Itasca Consulting Group, Inc. Fast lagrangian analysis of continua in 3 dimension, version 210, user's manual[M].[S. l:s. n.], 1997.

[173] 程守洙,江之永.普通物理学[M].7版.北京:高等教育出版社,2016.

[174] 宋林.节理岩体中应力波传播的动力特性研究[D].西安:西安建筑科技大学,2012.

[175] 杨桂通.弹塑性动力学基础[M].2版.北京:科学出版社,2014.

[176] 尚嘉兰,沈乐天,赵坚.粗粒花岗闪长岩中应力波的传播衰减规律[J].岩石力学与工程学报,2001,20(2):212-215.

[177] 孙威,阎石,蒙彦宇,等.压电陶瓷混凝土结构应力波衰减特性试验[J].沈

阳建筑大学学报(自然科学版),2010,26(5):833-837.

[178] 席道瑛,谢端.岩石中应力波传播特性的实验研究[C]//中国岩石力学与工程学会岩石动力学专业委员会.第二届全国岩石动力学学术会议论文集.南京:[出版者不详],1990.

[179] 高明仕,窦林名,张农,等.岩土介质中冲击震动波传播规律的微震试验研究[J].岩石力学与工程学报,2007,26(7):1365-1371.

[180] 高明仕,赵国栋,刘波涛,等.煤巷围岩冲击矿压震动效应的爆破类比试验研究[J].煤炭学报,2014,39(4):637-643.

[181] 席道瑛,郑永来.PVDF压电计在动态应力测量中的应用[J].爆炸与冲击,1995,15(2):174-179.

[182] 神文龙.硬顶活化型动载的波扰机理与邻空巷道控制研究[D].徐州:中国矿业大学,2017.

[183] 谢毓寿.地震烈度[M].北京:地震出版社,1988.

[184] 郭履灿,赵凤竹,赵其玲,等.震级与震源参数测定[M].北京:中国科学技术出版社,1986.

[185] 蔡峰,刘泽功,LUO Y.爆轰应力波在高瓦斯煤层中的传播和衰减特性[J].煤炭学报,2014,39(1):110-114.

[186] 席道瑛,郑永来,张涛.应力波在砂岩中的衰减[J].地震学报,1995,17(1):62-67.

[187] 鞠金峰,许家林,朱卫兵.浅埋特大采高综采工作面关键层"悬臂梁"结构运动对端面漏冒的影响[J].煤炭学报,2014,39(7):1197-1204.

[188] 许家林,鞠金峰.特大采高综采面关键层结构形态及其对矿压显现的影响[J].岩石力学与工程学报,2011,30(8):1547-1556.

[189] 闫少宏,尹希文,许红杰,等.大采高综采顶板短悬臂梁-铰接岩梁结构与支架工作阻力的确定[J].煤炭学报,2011,36(11):1816-1820.

[190] SHEN W L,BAI J B,WANG X Y,et al.Response and control technology for entry loaded by mining abutment stress of a thick hard roof[J]. International journal of rock mechanics and mining sciences,2016,90: 26-34.

[191] 邵晓宁.厚硬砂岩顶板破断规律及深孔超前爆破弱化技术研究[D].淮南:安徽理工大学,2014.

[192] 张自政.沿空留巷充填区域直接顶稳定机理及控制技术研究[D].徐州:

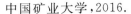
中国矿业大学,2016.

[193] 侯朝炯,马念杰.煤层巷道两帮煤体应力和极限平衡区的探讨[J].煤炭学报,1989(4):21-29.

[194] WANG X Y,BAI J B,WANG R F,et al. Bearing characteristics of coal pillars based on modified limit equilibrium theory[J]. International journal of mining science and technology,2015,25(6):943-947.

[195] JIRÁNKVOÁ E,PETROŠ V,ŠANCER J. The assessment of stress in an exploited rock mass based on the disturbance of the rigid overlying strata[J]. International journal of rock mechanics and mining sciences,2012,50:77-82.